◎ 黑龙江省优秀学术著作
◎ "十四五"时期国家重点出版物出版专项规划项目
◎ 现代土木工程精品系列图书

结构概念
设计更高效的结构

Structural Design Against Deflection

[英] 季天健 著 张清文 武 岳 译

哈尔滨工业大学出版社
HARBIN INSTITUTE OF TECHNOLOGY PRESS

黑版贸登字 08-2023-060 号

Structural Design Against Deflection/by Tianjian Ji
ISBN 978-0-367-89793-2

内 容 简 介

优秀结构的基本原理是什么?如何将这些原理创造性地应用于结构设计?如何清楚地表述这些原理及其实施途径并将其传递给其他工程师,特别是年轻工程师?本书力求回答这 3 个问题。

变形是结构设计中需要考虑的主要问题之一。本书共分 7 章,探讨了变形与结构内力之间的关系,并说明可以通过形成合理的内力分布来获得较小的变形。本书还以一种简洁和便于记忆的方式提出了 4 个与变形和内力有关的结构概念,给出了从结构概念到实际案例的实施途径。通过手算示例,本书从定性和定量的角度对这些概念及其实施途径的效力和效率进行了检验。此外,本书还介绍了一些与手算示例相关的工程实例,以说明结构概念和实施途径的实际使用情况。

本书适用于土木工程专业的本科生、研究生、教师和工程技术人员。

图书在版编目(CIP)数据

结构概念:设计更高效的结构/(英)季天健著;张清文,武岳译. —哈尔滨:哈尔滨工业大学出版社,2023.11
(现代土木工程精品系列图书)
书名原文:Structural Design Against Deflection
ISBN 978 - 7 - 5767 - 0515 - 7

Ⅰ.①结… Ⅱ.①季… ②张… ③武… Ⅲ.①土木结构-结构设计 Ⅳ.①TU311

中国国家版本馆 CIP 数据核字(2023)第 016478 号

策划编辑 王桂芝 丁桂焱
责任编辑 陈雪巍 张 荣
出版发行 哈尔滨工业大学出版社
社　　址 哈尔滨市南岗区复华四道街 10 号 邮编 150006
传　　真 0451-86414749
网　　址 http://hitpress.hit.edu.cn
印　　刷 哈尔滨市工大节能印刷厂
开　　本 720 mm×1 000 mm 1/16 印张 11.25 字数 220 千字
版　　次 2023 年 11 月第 1 版 2023 年 11 月第 1 次印刷
书　　号 ISBN 978 - 7 - 5767 - 0515 - 7
定　　价 78.00 元

(如因印装质量问题影响阅读,我社负责调换)

译 者 前 言

设计更高效的结构一直是工程师们努力的目标,而如何实现这一目标并不总是路径清晰,特别是对于复杂工程,由于其往往同时受到多重因素制约,因此采用传统的结构优化手段难以解决问题。此时,对结构概念的理解与运用就显得格外重要。例如,在方案设计阶段,对结构选型合理性的把握;在结构分析阶段,对计算模型和计算结果正确性的判断;在构造设计阶段,对各种构造措施的恰当处置等,都将影响到结构的效率。同时,设计更高的结构必须以正确的结构概念为基础。在很多情况下,掌握清晰的概念并合理地运用概念,往往比所谓"精确"的分析更重要。正如西班牙著名结构工程师爱德华·托罗哈(Eduardo Torroja)所说:"好的作品从来不是计算出来的,要逐渐积累经验,将经验变成直觉,才能胜任十分复杂的评价和快速估算工作;这方面永无止境,并会不断引导工程师们走向更高境界。"

从结构概念角度开展高效结构设计的必要性是显而易见的,然而如何发现和应用结构概念却并非易事。在这方面,英国曼彻斯特大学的季天健教授进行了富有成效的探索。十余年来,他一直致力于对结构概念的挖掘和整理工作,从日常生活与成功/失败的工程案例中发现结构概念,从课本学习中总结结构概念,从科研成果中提炼结构概念,使结构概念的内涵和外延都有了显著拓展。不仅如此,他还致力于结构概念的传播工作,总结出一套"可见、可触摸式"教学方法,使抽象的概念以一种形象化的方式展现在学生眼前,为学生搭建起沟通理论与实践的桥梁。因此,季天健教授也成了国际知名的结构概念专家,很多高校和机构,甚至也包括一些中学,邀请他去开讲座。久而久之,季老师便将这些成果结集成书。

我与季老师的交往可追溯到2007年。2009年,我翻译出版了季老师在结构概念领域的第一部专著《感知结构概念》,书中内容令人耳目一新,受到了国内同行的一致好评。以此为基础,我在哈尔滨工业大学开设了"结构概念与体系"研究生课程,并引进了"可见、可触摸式"教学方法,获得了很好的教学效果。2018年夏,翻译出版了季老师在结构概念领域的第二部专著《结构概念——感知与应用》。如果说季老师的第一本书强调对结构概念的理解,那么第二本书则更侧重对其应用。特别值得一提的是,书中还增加了"综合篇",可以帮助我们从更广阔的视角来审视结构的静力和动力问题。本书为季老师"结构概念三部曲"中的第三部,英文书名为 *Structural Design Against Deflection*,直译过来是"结构抗变形设计",但这似乎不太符合中国工程师的习惯语境,经反复探讨,特别是得到沈世钊院士的指点,最终确定书名为《结构概念——设计更高效的结构》。

本书聚焦于变形这样一个在结构设计中普遍存在的问题,通过对虚功原理的重新解读,挖掘出 4 个具有普遍意义的结构概念,并发展出一系列能够解决实际工程问题的新措施;通过对比所引案例应用措施与否,量化应用措施和相应结构概念的有效性和高效性。结构概念本身是抽象的,而本书力争使理论的表达变得简单,以便于结构工程师理解和应用。此外,本书在讨论如何将结构概念应用于结构设计的途径和措施的同时,也希望通过所提供的例子或案例激发读者的创造性应用。因此,无论是对于在校生还是具有工程经验的工程师,阅读本书都能有新的收获。

本书的译者在翻译过程中力求做到精准表达,不仅各有分工,而且在成稿后又相互校对,努力把错误率降到最低。再者,本书的原著者季天健教授也对翻译工作给予了大力支持,他审阅了全部译稿并对第 7 章内容进行了完善,从而保证了译文最大限度地忠实于原著。

本书分工:武岳翻译第 1～3 章,并且负责全书统稿;张清文翻译第 4～7 章。研究生陈浩、任默涵参与了本书的部分翻译工作,在此一并表示感谢。

由于译者水平有限,书中难免存在不足,敬请诸位读者批评指正。

武岳

2023 年 8 月
于哈尔滨工业大学

前　言

变形是结构设计中需要考虑的主要因素之一。随着建筑物高度不断增加，桥梁和屋/楼盖的跨度不断增大，变形在结构设计中的控制作用日益凸显。结构抗变形设计不仅涉及使用性和结构刚度，还关系到结构的安全性（例如由变形引起的构件屈曲和过大应力）、结构效率，甚至还关系到结构是否美观。因此，有必要从更全面的视角审视变形问题。

关于结构形状、变形和内力间关系的表述经常是不同的。一般认为，结构形状决定其变形和内力。另一种说法是，结构中的内力决定其形状。这两种说法看似有些矛盾，但都强调了形状、变形和内力间的密切关联性：改变其一会引起其余两者的改变。因此选择结构形状也是选择传力路径和内力分布，这就拓展了进行有效设计的途径。

很多著名工程师都确信，合理运用结构原理将得到高效、美观的结构。例如，美国普林斯顿大学的 David Billington 教授在 *The Tower and the Bridge*（《塔和桥》）这本书中曾表明"……杰出工程师的优秀作品都是遵循某些普遍的设计原理，同时融合了他们个人的结构观点"。德国施莱希工程设计公司的 Mike Schlaich 教授曾表明"尽管探寻优秀结构原理是一项具有挑战性的任务，但当实现这一目标后就会完成自然优美的作品"。上述引出三个问题：优秀结构的基本原理是什么？如何将这些原理创造性地应用于结构设计？如何清楚地表述这些原理和实施途径并将其传递给其他工程师，特别是年轻工程师？本书力争从以下几方面来回答这 3 个问题：明晰涉及变形和内力的原理和概念，阐述它们的有效性和高效性，审视它们在实际工程中的创造性应用。

除了上述原因外，撰写本书的想法也来源于我在曼彻斯特大学给四年级本科生和英国研究生学制一年级研究生所授的课程，在授课过程中我发展了新的教学内容，以帮助学生从单元到整体、从理论到实践地理解结构。这些内容构成了本书的基础，本书按照变形和内力这条主线进行组织。

本书的叙述遵循以下观点：

（1）寻找理论与实践之间的新联系（寻求新的联系）。人们常说，理论与实践之间是有距离的，如何跨越这个距离呢？当在较宽的河面上建桥时，需要在河里设置一些桥墩支承。同理，在理论与实践之间也需要找到一些中间联系，例如理论与结构概念、结构概念与应用措施、应用措施与实际案例之间的联系。这些联系还可以通过对比采用某个结构概念的应用措施和未采用该措施两种情况来发现，这样就可以说明应用措施和相应结构概念的有效性和高效性。实际案例的简化手算模型可揭示其所包含的结构概念的作用。

（2）探索结构理论的新内涵（探索新的意义）。尽管普遍认为结构理论已较为成熟，但仍有可能从既有理论中找出新的理论。例如，本书通过对虚功原理的新解读，给出了 4 个结构概念。这些结构概念揭示了桁架和框架结构中变形和内力的关系，并形成了本书的理论基础，即小的变形可通过在结构中形成理想的内力分布来实现，内力分布也可使结构更加高效和优美。

（3）力求简单（化繁为简）。人们普遍认为，越是基础的、简单的理论，适用范围越广，例如牛顿第二定律。什么是简单而普适的结构设计理论呢？这个问题将在本书的第 2 章讨论。本书力争使理论的表达变得简单，以便于结构工程师理解和应用。本书从基本理论中提炼出 4 个结构概念的"经验准则"，以便于理解和使用结构概念。某个问题、公式或结构现象可以用简单的方式来解释和把握其物理本质，本书将这种解释方法称为直觉解读，这是一种有效的方法，并将举例来说明。

（4）发展直觉理解。对理论的理解演化采用直觉理解，有助于更好地应用理论。结构设计，包括抗变形设计，并不是从理论开始，而是起始于对结构的直觉理解。为了实现这种直觉理解，本书将会定性、定量地分析许多从实际中抽象出来的简化算例，比较这些例子中包含与不包含 4 个结构概念之一的效果。

（5）进行广泛而富有创意的应用。许多与书中手算示例相关的实际工程案例都表明，本书所陈述的 4 个结构概念已被广泛使用，并为某些具有挑战性的工程问题提供了巧妙的解决方案。本书明确地列出并讨论了将结构概念应用于结构设计的一些途径和措施，可促进其在实践中更广泛和巧妙地应用。希望本书所提供的例子或案例能激发读者的创造性应用。

书中包含 3 个与刚度有关的结构概念，是在早先的一本书《结构概念——感知与应用》(*Understanding and Using Structural Concepts*，作者是季天健、阿德里安·贝尔和布赖恩·埃利斯)中发展的，本书可以看作是该书的延续。阅读过《结构概念——感知与应用》的人会发现，本书在理解和应用这 3 个结构概念方面更加深入和全面。

　　要实现高效的结构设计,需要具备广泛的关于材料、分析、结构性能、荷载、环境和安装等方面的知识。本书侧重于结构概念及其在实践中的应用,以实现更有效、更高效甚至更美观的结构。

　　本书以增强结构抗变形能力的 4 个结构概念为主线,内容涵盖了教学、实践和科研等方面。希望本书能够为土木工程专业和建筑学专业的高年级本科生及研究生提供具有启发意义的经验,帮助结构工程师和建筑师加深对相关知识的理解。

季天健

曼彻斯特大学,英国

目　　录

第1章 绪 论

1.1 结构变形

在建筑结构设计中,结构工程师通常需要检查结构及其构件的变形、振动、稳定性和强度,以确保它们满足所有要求,即它们需要适当地小于或大于规定的限值。变形和振动通常被归为使用性能问题,而稳定性和强度则被认为是安全性问题。对这四者通常是独立进行分析和检查,但它们之间是否存在联系呢?

结构变形是在保证使用性能时需考虑的关键因素,经常对轻柔楼板、高层建筑和大跨度桥梁等的结构设计起控制作用。随着建筑越来越高,桥梁跨度越来越大,楼板面积越来越大,相应的结构变形已经成为结构设计中需重点考虑的问题。

变形限制常用于整体结构(如建筑物和桥梁)和结构单元(如梁和楼板),通常要求结构或结构单元的最大变形量小于某一限值。例如,桁架结构的最大挠度为跨度的 $1/180$[1]。对于给定的结构和确定的荷载,结构的变形量用以下平衡方程进行计算:

$$KU = P \tag{1.1}$$

式中 K—— 与结构形式、构件截面和材料性能相关的刚度矩阵;

U—— 待定的变形(挠度)向量;

P—— 给定的荷载向量。

结构振动是另一种使用性能问题,它可能会给结构的使用者带来不适,并限制结构的使用功能。结构振动不仅与结构的动荷载有关,而且与结构的固有频率、阻尼比、模态质量或模态刚度等动力特性有关。对于承受节律性活动的看台和楼板的设计,有一种设计理念是要求结构的固有频率大于某限值,以避免可能发生的共振[2,3]。通过求解下列特征值方程,可以确定结构的固有频率和振型:

$$(K - \omega^2 M)\phi_v = 0 \tag{1.2}$$

式中　　M—— 质量矩阵;

　　　　ω—— 圆频率;

　　　　ϕ_v—— 结构振动模态;

　　　　K—— 刚度矩阵,与式(1.1)中的刚度矩阵相同。

结构或构件的稳定性被认为是安全性问题。在外部荷载和自重作用下,结构内部会产生压力／压应力。在这种情况下,工程师需要检查整个结构是否会失稳,以及某些构件是否会发生屈曲。通常情况下,受压构件的屈曲会导致构件的突然失效,进而导致机动体系的发展和结构的局部甚至整体倒塌。可用与求固有频率相似的特征值方程来计算结构的整体稳定性:

$$(K - \lambda K_G)\phi_s = 0 \tag{1.3}$$

式中　　K_G—— 基于施加荷载和结构形式的几何或初始应力刚度矩阵;

　　　　λ—— 屈曲荷载系数(λ 乘以现有荷载会引起结构全局失稳);

　　　　ϕ_s—— 描述结构失稳的屈曲模态。

结构强度用于衡量单个结构构件承受由外部荷载施加在结构上所产生的内力的能力。与变形、振动和稳定性不同,强度是为单个构件而不是整个结构考虑的,但单个构件的失效可能导致整个结构不安全。一旦确定构件中的内力,就很容易计算出相应的应力,并与其许用应力进行比较。如果应力大于许用应力,则可能需要加大构件的截面。

等截面梁的挠度与弯矩之间的关系为

$$EI \frac{d^2 u(x)}{dx^2} = - M(x) \tag{1.4}$$

式中　　$u(x), M(x)$—— 梁在坐标 x 处的挠度和弯矩;

　　　　EI—— 梁截面的刚度。

对于有限元分析中的平面单元,应力 σ 与节点位移 d 的关系为

$$\sigma = E\varepsilon = EBd \tag{1.5}$$

式中　　B—— 将单元节点挠度变换后得到的单元内应变的应变 – 位移矩阵;

　　　　E—— 材料性能(弹性模量)矩阵;

　　　　d—— 单元的节点位移,取自式(1.1)中待定的变形(挠度)向量 U。

从式(1.1) ～ (1.5)可以看出:

①对于变形、振动和稳定性问题,式(1.1) ～ (1.3)包含了结构的刚度矩阵 K,定性地表明:结构刚度越大,变形越小,固有频率越高,屈曲荷载系数越大。

②对应于单位荷载向量,变形(挠度)向量和刚度矩阵是互为"倒数"的,

故可以改写以上的表述为：结构的变形越小，固有频率越高，屈曲荷载系数越大。

③ 对于强度问题，式(1.4) 和式(1.5) 表明内力或应力与变形直接相关。

表1.1 总结了强度、变形、振动及稳定性这4个结构设计问题之间的关系。

表1.1 结构设计问题之间的关系

问题类型	强度	变形	振动	稳定性
基本方程	$EI\dfrac{\mathrm{d}^2u(x)}{\mathrm{d}x^2} = -M(x)$； $\sigma = E\varepsilon = EBd$	$KU = P$	$(K - \omega^2 M)\boldsymbol{\phi}_v = 0$	$(K - \lambda K_G)\boldsymbol{\phi}_s = 0$
变形关系	内力和应力与变形直接相关	挠度、固有频率和屈曲荷载系数均与刚度（刚度矩阵）有关		

从表1.1可以看出，挠度是一个与内力或应力直接相关的物理量(式(1.4)和式(1.5))，与固有频率和屈曲荷载系数(式(1.1) ~ (1.3))间接相关。

为了明确表示挠度与基本固有频率、屈曲荷载、内力[①]之间的关系，考虑一长度为 L、截面刚度为 EI、均匀质量分布为 m 的等截面简支梁。

（1）挠度。

由于自重 mg 和集中荷载 F 引起的梁中心最大挠度分别为

$$\Delta_q = \frac{5mgL^4}{384EI} \tag{1.6}$$

$$\Delta_F = \frac{FL^3}{48EI} \tag{1.7}$$

式中[②] g—— 重力加速度。

（2）基本固有频率与挠度。

等截面简支梁的基本固有频率为

$$f = \frac{\pi}{2}\sqrt{\frac{EI}{mL^4}} \tag{1.8}$$

可以看出，式(1.6) 和式(1.8) 均包含 mL^4/EI，这给出了基本固有频率与最大挠度之间的联系。消除这两个方程中的 mL^4/EI，可以得到基本固有频率与最大挠度之间的关系：

[①]此处对挠度与内力之间关系的研究中，内力选用弯矩（译者注）。

[②]式(1.6) 中，L 为梁长度（译者注）。

$$f = \frac{17.75}{\sqrt{\Delta_q}} \qquad\qquad (1.9)$$

在这个计算中, g 取 9 810 mm/s^2 , Δ_q 以 mm 为单位。式(1.9) 表明,梁的基本固有频率与挠度的平方根成反比。一般情况下,挠度越小,基本固有频率越大。式(1.9) 已在多个设计规范[4]中使用,可在不进行特征值分析的情况下快速估计结构的基本固有频率。

(3) 临界(或屈曲) 荷载与挠度。

当简支梁承受沿其纵轴施加在其端部的压力荷载 P 时,临界荷载为

$$P_{CR} = \frac{\pi^2 EI}{L^2} \qquad\qquad (1.10)$$

将式(1.7) 代入式(1.10) ,消去 EI ,可得

$$P_{CR} = \frac{FL\pi^2}{48\Delta_F} \qquad\qquad (1.11)$$

式(1.11) 表明,支柱的屈曲荷载与受作用在其中心的集中荷载产生的等效梁的横向位移成反比;通过非破坏性弯曲试验,可以确定支柱的屈曲荷载[5]。

(4) 弯矩与挠度。

由于梁的自重而产生的最大弯矩为

$$M_q = \frac{mgL^2}{8} \qquad\qquad (1.12)$$

最大弯矩 M_q 与最大挠度 Δ_q 之间的关系可由式(1.6) 和式(1.12) 得出:

$$M_q = \sqrt{1.2mgEI\Delta_q} = \frac{48EI}{5L^2}\Delta_q \qquad\qquad (1.13)$$

式(1.13) 定性地表明,在结构单元水平上,**最大挠度越小,最大弯矩就越小**。

寻找挠度与基本固有频率、屈曲荷载和内力之间的联系不仅有助于对结构获得更好的理解,而且还可以实现更广泛和更富有创意的应用,例如使用已知的挠度估算基本固有频率和通过梁的弯曲试验来确定柱的屈曲荷载。

这就提出了一个问题,如何通过减小结构的变形来更好地设计结构,从而提高结构的基本固有频率和屈曲荷载系数,降低内力? 因此,除了考虑荷载外,还需要回归本源,研究形状、内力和变形之间的关系。

1.2 形状、内力和变形

通常认为结构形式（形状）确定了结构中的内力。这种理解可以基于如下的输入—结构—输出模型，如图 1.1 所示。

图 1.1 输入—结构—输出模型

其中,荷载是施加在结构上的外力;结构（结构形状）描述了包括建筑形式的整体结构体系;内力是作用在结构上的荷载和使结构变形的结构构件中的力,通常包括轴向力、剪力和弯矩,当设计或选择了结构形状,并且结构受到给定的荷载（输入）时,结构的内力和变形（输出）就被确定了（图 1.1）,即输出是结构形状对给定的一组荷载的响应:

$$KU = P \quad \text{或} \quad U = K^{-1}P$$

结构构件的内力通常根据计算出的变形量确定。利用这些变形量和内力作为反馈,可修正结构的几何形状及其构件的尺寸,从而改变式（1.1）中的刚度矩阵,进而改进设计。

另外一种说法是,结构形状由内力流来确定。实际上,对于给定的荷载,结构的形状、内力和变形是密切相关的,并且彼此相互作用。为了揭示和检查结构的形状、内力和变形之间的关系,可以将图 1.1 修改为图 1.2。这表明,除了结构形状变化会导致一组新的内力和变形,改变内力也可以改变变形情况和结构形状,控制变形也可以修正结构形状和内力。例如,当限制某位置在特定方向上的变形时,会使结构形状发生变化,相应地需要在该位置和方向上加适当的约束,这就改变了刚度矩阵和相应的内力。尽管在确定了结构形式之后才能计算内力的大小,但是改变内力路径及幅值和改变结构形状是同时发生的。

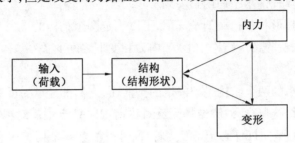

图 1.2 结构形状、内力和变形之间的关系

结构的形状、内力和变形之间的关系不太可能得到明确的解析表达。然而,通过研究两个相似的平面桁架,可以获得对它们的定性理解。

(1)问题。

图1.3所示为具有相同尺寸、不同支撑形式的两个四层四跨平面铰接桁架。所有杆件的弹性模量(E)和截面面积(A)均相同,竖向杆件和水平杆件具有相同的长度(L),在每个桁架结构上端的两个角点上有水平反对称作用的0.5 N集中力,每层有两根支撑杆件。因此,这两个桁架使用了相同数量的杆件,即使用了相同数量的材料。这两个桁架之间的唯一区别是支撑杆件的布置形式(即支撑形式),可以讨论如下。

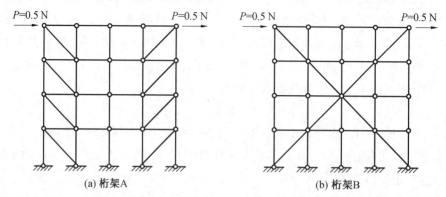

(a) 桁架A (b) 桁架B

图1.3 具有相同尺寸、不同支撑形式的两个四层四跨平面铰接桁架

桁架 A:将8根支撑杆件对称地布置在两边跨,并分别按相同的方向平行布置,即支撑杆件不是直接连接在一起。所有8根支撑杆件都放置在边跨,两个中间跨没有支撑杆件。这种支撑形式经常在现实中看到。

桁架 B:布置支撑杆件穿过桁架的四跨,并以直线连接。该支撑形式可以通过如下方法从桁架 A 重新排列:① 改变在地面(第一)层两根支撑杆件的方向;② 将第二层支撑杆件水平地向内移动到下一跨并改变它们的方向;③ 将第三层的两根支撑杆件水平向内移动到下一跨。

在给定结构形状和荷载的情况下,可以确定两个结构的最大变形量和其杆件的内力,进而检验特定结构中形状、内力和变形之间的关系。

(2)解答过程。

图1.3所示的两个结构是超静定的。然而,它们都是承受反对称荷载的对称结构。根据结构概念,**对称结构受反对称荷载时只产生反对称响应(内力和变形)**,4根中心竖向杆件必定是零力杆件,并且沿着两个桁架中心竖向杆件的节点将不具有竖向位移。因此,如图1.4所示,这两个桁架可以用它们的左半

部分通过适当的边界条件进行简化且等价的表达。每个半桁架具有 16 根竖向杆件和水平杆件,以及 4 根支撑杆件。

可以注意到,相比于图 1.3 所示的桁架,图 1.4 所示桁架的中间竖向杆件被移除,因为在这些杆件中没有内力,并且沿着中间杆件上点的竖向位移使用滑动铰支座约束。现在,这两个半桁架变成静定结构,并且所有杆件的内力可以通过手算直接且容易地计算。

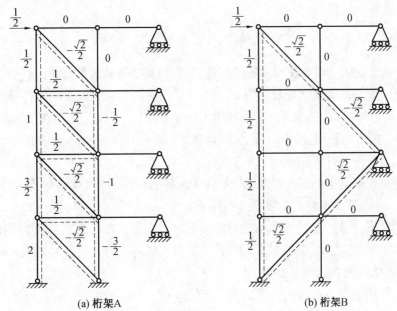

(a) 桁架A   (b) 桁架B

图 1.4   桁架 A 和桁架 B 的简化且等价表达(内力路径用虚线表示,并标出内力值)①

两个简化桁架的杆件内力可以使用节点平衡条件来确定。两个半桁架构件内力结果如图 1.4(a)(b) 所示,其中正值表示杆件受拉,负值表示杆件受压;此外,使用虚线来描述内力路径(非零力杆件)。

两个半桁架加载位置处的最大横向位移可以使用本章参考文献[6,7]中熟知的方程来确定:

$$\Delta_{A,max} = \sum_{i=1}^{20} \frac{N_i^2 L_i}{EA} =$$

$$\frac{L}{EA}\left[\left(\frac{1}{2}\right)^2 \times 5 + 1^2 \times 2 + \left(\frac{3}{2}\right)^2 \times 2 + 2^2 + \left(\frac{\sqrt{2}}{2}\right)^2 \times \sqrt{2} \times 4\right] \times 2 =$$

①图中数据单位为 N(译者注)。

$$\frac{(11.75 + 2\sqrt{2})L}{EA} \times 2 \approx \frac{29.16L}{EA}$$

$$\Delta_{B,max} = \sum_{i=1}^{20} \frac{N_i^2 L_i}{EA} = \frac{L}{EA}\left[\left(\frac{1}{2}\right)^2 \times 4 + \left(\frac{\sqrt{2}}{2}\right)^2 \times \sqrt{2} \times 4\right] \times 2 =$$

$$\frac{(1 + 2\sqrt{2})L}{EA} \times 2 \approx \frac{7.656L}{EA}$$

两个位移的比值为

$$\frac{\Delta_{B,max}}{\Delta_{A,max}} = \frac{7.656L}{EA} \times \frac{EA}{29.16L} \approx 0.263$$

虽然这两个桁架使用的杆件数量相同,但是桁架 B 的最大横向变形量仅约为桁架 A 的最大横向变形量的 26.3%。这表明了当两个桁架使用相同数量的材料时,结构形状对构件的变形和内力有显著影响。可以通过观察和检查两个桁架中的内力路径、内力值及支撑形式的特点,来对该现象(桁架 B 的变形比桁架 A 的变形小得多)的成因进行理解:

①桁架 B 中的零力杆件比桁架 A 中的零力杆件多。桁架 B 中有 12 根零力杆件,而桁架 A 中只有 6 根零力杆件。

②桁架 B 的杆件内力小于桁架 A 的杆件内力。不考虑两个桁架中相同的支撑杆件的恒定内力,桁架 A 的杆件中的最大绝对内力为 2.0 N,桁架 B 的杆件中的最大绝对内力为 0.5 N。

③桁架 B 的杆件内力差值小于桁架 A 的杆件内力差值。在忽略零力杆件条件下,桁架 B 的杆件最大绝对内力差值约为 0.207 N,而桁架 A 的杆件最大绝对内力差值为 1.5 N。

④桁架 B 全部跨都有支撑,而桁架 A 只有两个边跨有支撑。

⑤桁架 B 比桁架 A 看起来更舒适,更美观(图 1.3)。

前三个观察结果表明了两个桁架的内力路径和分布特征,是明显的技术性问题。第四个观察结果关于支撑杆件的几何特点或形式,是一个设计问题。第五个观察结果涉及两个桁架的外观,这与人们对结构的质量和美的感知有关。这些观察结果似乎表明**零力杆件越多、构件内力越小、构件内力分布越均匀,变形就越小**。这两个桁架实例的观察结果是相互关联的,并激发了如下想法:可以积极主动地设计内力流及其分布,以确定结构的几何形状和控制变形。因此这些观察结果激发了以下 3 个问题:

①桁架 B 包含哪些规则或结构概念,导致在不使用更多材料的情况下,桁架 B 的变形比桁架 A 的变形小很多? 这些规则或结构概念是否适用于其他结

构的设计？

　　② 如何积极考虑内力流和内力分布来辅助结构形式设计？

　　③ 如何设计内力使结构更有效（更小的变形）、更高效（使用更少的材料）或更美观？

　　回答这 3 个问题不仅需要具有对结构的直觉理解，而且需要透彻掌握结构理论。这将在第 2 章中具体讨论。

1.3　结构直觉

　　Mario Salvadori（哥伦比亚大学土木工程教授和建筑学教授，结构工程师）为 Eduardo Torroja（西班牙结构工程师和建筑师）的书撰写了前言[8]。他说，像 Torroja 那样杰出的工程师，通常经过 4 个阶段达到很高的水平：① 早年投入对基本理论长期和充分的学习研究中；② 在实践和积累经验过程中运用基本原理解决原始问题；③ 逐渐综合所积累的经验，以达到所谓的“直觉”；④ 从不减少的努力和不断增加的工作享受，使他们达到越来越高的水平。

　　Pier Luigi Nervi（意大利结构工程师和建筑师）曾说，熟练掌握结构知识是对建筑物的复杂行为进行客观理解和对理论计算进行直觉解读的结果。

　　这些来自杰出工程师的想法表明了对理论计算和结构行为的直觉解读以及发展“直觉”的重要性，引发了有关直觉解读的含义和如何在研究的早期阶段或在大学里学习结构直觉的思考[9]。

　　直觉认知、直觉理解和直觉解读是联系在一起的，但它们有着不同的含义和特点。

1.3.1　直觉认知

　　直觉认知往往来自于经验，它们是正确的但可能没有理论支撑，或者知识背后的理论还不存在或不为人所知。例如，许多家庭都知道橡胶垫可以用来减少洗衣机产生的楼板振动。虽然大多数人不知道为什么这小小的橡胶垫可以有效地降低楼板振动，但他们仍然可以很好地利用这个知识。这类知识可以从个人经验中获得，也可以从他人经验中获得。

　　图 1.5 所示为用于减振的两个振动隔离措施。图 1.5(a) 所示为一发展中国家农村地区放置在地面和发动机之间的轮胎。轮胎的存在导致发动机 - 轮胎系统的固有频率降低，并使其远离发动机的工作频率。发动机的操作人员没有接受过大学教育，也不理解振动理论，但是他们通过自己的经验，或者其他人

的经验,了解到轮胎的存在可以减少振动。图1.5(b)展示了在大学实验室中给学生演示振动隔离作用的教学活动。使用医疗振动器作为振动台,在3个垂直方向上产生谐波基本运动;将一个玻璃杯直接固定到振动器的台座上,并且将另一个相同的玻璃杯粘在固定于台座上的一塑料泡沫块上;在两个玻璃杯中加入相似量的水。当振动器以预定频率振动时,可以观察到,安装在塑料泡沫块上的玻璃杯中的水比另一个玻璃杯中的水的起伏要小得多。产生振动差异的原因是塑料泡沫块对上述玻璃杯的基本运动起隔离作用。塑料泡沫块、玻璃杯和水形成了比只有水和玻璃杯的系统固有频率更低的新系统。给学生做这种演示,可以增强他们对减振的理解;给公众做这种演示,可以帮助他们获得隔离能够减少振动的直觉认知。

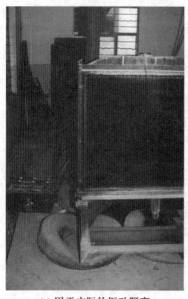 

　　　　(a) 用于实际的振动隔离　　　　　　　(b) 在教学中演示振动隔离

图1.5　振动隔离措施(图1.5(a)由浙江大学庄表中教授提供)

　　上述关于振动隔离的两个例子表明,可以使用物理模型来阐明理论和模拟实际应用,以获得带有普遍性的直觉认知。

1.3.2　直觉理解

　　对一个问题的直觉理解可以从观察、实践经验和(或者)基本理论中获得,它的出现往往不通过有意识的学习或理论推导。据观察,一个人如果有多年的实践经验和坚实的理论基础,就能获得对问题的直觉理解。

　　图1.6所示为英国Twickenham北看台。在看台分别是空的(无观众)和挤满了观众的条件下,对中间的悬挑层进行振动测量。图 1.7 所示为无观众和挤满了观众时该层的响应谱,比较这两个响应谱,可以观察到 3 个明显且重要的现象[10]。

图 1.6　英国 Twickenham 北看台

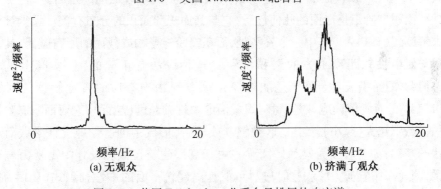

(a) 无观众　　　　　　　　　　　　　　(b) 挤满了观众

图 1.7　英国 Twickenham 北看台悬挑层的响应谱

①在挤满了观众的看台中出现一个额外的固有频率。

②观众的参与引起结构阻尼的显著增大。

③无观众的看台的固有频率介于挤满了观众的看台的两个固有频率之间。

　　这些观测结果与通常认为人体在结构振动中起作用的为其质量的观点相背[11]。如果观众的作用由其质量提供,则挤满了观众的看台只会有一个比空看台小的固有频率,而且增加质量不会增加看台的阻尼。对这些观测结果的直觉理解是,在竖向结构振动中,在看台上静坐的观众不能作为质量。这种直觉理解综合了现场观测和一些基本振动理论知识,并因此产生了许多关于人 – 结构 – 动力相互作用的新课题的研究[10]。

大学生虽然学习结构理论,但他们可能没有许多机会去观察结构行为和进行实验。然而,我们可以制作物理模型和展示相关的实际例子供学生理解和欣赏。

1.3.3　直觉解读

直觉解读是指数学公式、观测结果或结构行为可以用简单的方式解释,同时相应的解释抓住了问题的物理本质。这往往是对理论基础的深入理解和广泛实践经验的产物。结构工程中的直觉解读是寻求新的联系、探索新的意义、发展直觉理解、进行广泛且富有创意的应用的有效工具。下文用例子来更好地说明直觉解读。

1. 数学公式

许多现有公式可用于练习直觉解读,提高对理论的理解,从而使直觉解读得到实际应用并能更深入地体会直觉解读。例如,截面惯性矩表示为

$$I = \int y^2 \, \mathrm{d}A \tag{1.14}$$

式中　　y—— 横截面的中性轴与无限小区域的面积 $\mathrm{d}A$ 之间的距离。

面积二阶矩是截面的几何性质,它与其面积和面积的分布有关。学生被要求解读式(1.14)。其中一个答案是,**面积二阶矩是构成截面的所有微元,其面积与距中性轴距离平方的乘积总和**。这种说法是正确的,但实际上是式(1.14)的文字表达,而不是能够抓住该方程物理本质的直觉解读。对式(1.14)的直觉解读应该是:**材料离截面的中性轴越远(越近),它对面积二阶矩的贡献就越大(越小)**。正是这种解读或理解,形成了创造性地设计梁截面形状的基础,如 I 形截面梁和蜂窝梁。由于高层建筑在概念设计中可视为悬臂梁,因此在布置剪力墙和柱时应尽可能远离建筑平面的中性轴。式(1.14)提供了一种计算面积二阶矩的方法,而式(1.14)的直觉解读则为其创造性的应用提供了途径。

2. 结构行为观察

图 1.8(a)所示为在一振动 – 屈曲试验中使用的试验台、测试设备和试件。将直钢条(柱)放置在试验台上,直钢条(柱)的两端被铰接。逐渐在试验装置的顶部加铁块以使直钢条(柱)受到增长的压力,直到其屈曲为止。在进行屈曲试验同时,在每个加载阶段,使用放置在直钢条(柱)中心并与振动分析仪相连的小加速度计测量受载直钢条(柱)在横向的基本固有频率。在每个加

载阶段,用食指向直钢条(柱)施加轻微的横向敲击以使它产生横向振动。记录每个加荷阶段的压力和相应的基本固有频率。图 1.8(b) 展示了测量的基本固有频率的平方 f^2(竖向轴)和压力 P(水平轴)之间的关系。图中的点为测量结果,直线是对测量结果的直线拟合。

要求学生解读图 1.8 所示的试验和观测结果。其中一个答案是,基本固有频率的平方与压力之间存在线性关系。这是图 1.8(b) 中一个显而易见的观察结果。然而,还有一个更重要的发现:**当直钢条(柱)达到屈曲荷载时,其基本固有频率为零**,这对应于图 1.8(b) 中拟合线和水平轴的交点。由于直钢条(柱)的横向刚度与其基本固有频率的平方成比例,对这一观察的直觉解读是:**直钢条(柱)在失去横向刚度时会发生屈曲**。这种解读实际上为屈曲提供了另一种定义。在查阅现有教科书时可以注意到,目前关于柱屈曲的定义实际上是对柱屈曲现象的描述。

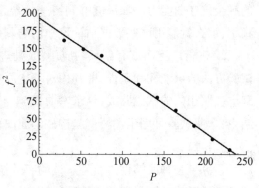

(a) 受载柱的振动-屈曲试验   (b) 固有频率的平方与压力之间的关系

图 1.8 振动 – 屈曲试验①

该试验和观测数据产生了关于频率测量是否可以提供用于预测真实结构的屈曲荷载的无损方法的进一步讨论。在不同的加载量级下进行两次频率测量,并绘制穿过图 1.8(b) 中的相关两点的直线,线和水平轴的交点是屈曲荷载。这需要在两个不同的加载状态下高质量地测量结构的基本固有频率。对于其他类型的结构,P 和 f^2 之间的这种线性关系还需要验证。

这个例子演示了直觉解读如何以简单的方式表达对结构行为的重要观察且抓住其物理本质,还可以用来解释本书所包含的如下哲学准则。

---

① 横坐标 P 单位为 N;纵坐标 f^2 单位为 Hz^2(译者注)。

① 寻求新的联系：柱的屈曲和梁的自由振动是教科书和工程设计中的两个不同问题，它们通常是独立考虑的。这两个问题之间新的联系通过同时并详细地进行直钢条（柱）屈曲和简支梁振动的试验所建立。

② 探索新的意义：在建立了新的联系和试验之后，对柱屈曲的新含义进行了探索和解读，简明地且定性、定量地表述为"**当柱失去横向刚度时，柱就发生屈曲**"，这是对屈曲的另一种定义，以补充现有的定性定义"当柱突然产生横向弯曲时，柱就发生屈曲[6]"。

③ 化繁为简：对于振动 - 屈曲试验，柱（杆件）可能是最简单的结构构件。若试验利用现有的试验台对直钢条（柱）进行振动 - 屈曲试验，可使试验简单且直接。一个简单的桁架模型也可以用来进行类似的试验，但是它需要更多在试验和理论分析上的投入。

④ 发展直觉理解：结构在竖向荷载作用下的基本固有频率也表征了结构的剩余抗屈曲能力。如果能够测得一货架系统在不同荷载作用下的基本固有频率，那么就能用这些数据估计该结构的剩余抗屈曲能力。

⑤ 进行广泛而富有创意的应用：鼓励进一步研究，探讨开发一种非破坏性试验方法的可能性和条件，即利用对基本固有频率的测量来预测结构的屈曲荷载。按照相同的试验路线，寻求弯曲试验与屈曲试验之间的新联系，从而得出结论：弯曲试验可用于预测试验构件的屈曲荷载[5]。

3. 手算

手算是一种能够促进直觉解读的有效技能。对于直觉解读来说，有必要将复杂结构简化为既保留该结构的物理本质又能够通过手算进行分析的模型。

在现有结构，如高层建筑、临时看台和脚手架中，可以观察到不同的支撑形式。这些真实的结构是三维的，并不适合手算。对于手算分析，有必要创建一个抽象自真实结构、具有支撑形式物理本质的简单结构模型。这在1.2节（图1.3）中得到了演示。图1.3所示的两个简单桁架的手算为比较和直觉解读结构性能提供了必要结果，有助于确定新的含义，新的联系及对形状、内力和变形之间关系的新认识。

4. 结构概念的定义

在早期的工作[5]中，直觉解读被用来定义结构概念。

结构概念是关于物理量之间数学关系的直觉解读和简洁表达，它抓住了该关系的本质且为其在结构工程中的实际应用提供了基础。

这一定义清楚地表明，结构概念来自对数学方程的直觉解读。这种解读可以应用实际观察、结构行为和手算以及计算机计算的结果。对式(1.14)和图1.8 的直觉解读就是两个结构概念被识别和简洁表达的例子。

本节的阐述表明,使用模型、实例、观测和计算结果可以创建情境,有效地帮助学生获得直觉认知和直觉理解,并有助于学生练习直觉解读,这是对教科书内容的补充。

1.4　基于梁理论的抗变形设计

结构抗变形设计中需要使用方程来计算变形量(如挠度)。教科书[6] 中对受均布荷载等截面梁的最大挠度有一个简单的方程,即

$$\Delta_{max} = \alpha \frac{qL^4}{EI} \tag{1.15}$$

式中　Δ_{max} —— 最大挠度;

q —— 均布荷载;

L —— 跨度;

E —— 弹性模量;

I —— 梁截面惯性矩;

α —— 与边界条件相关的无量纲系数,例如简支梁的 α 为 5/384,悬臂梁的 α 为 1/8。

该方程易于理解,并清楚地表达了挠度与其他 5 个参数之间的关系。由式(1.15)获取的"经验法则"已用于实践[12] 以减小结构的挠度,这些"经验法则"具体如下。

① 减小跨度 L。由于挠度与跨度(L)的四次方成正比,所以在可能的情况下,减小跨度是减小变形的最有效方法,例如提供额外的支撑。图1.9 显示了一个这样的例子:布置在步行桥一侧的拉索系统在桥的跨中添加了一额外的支撑,有效地减小了桥面的变形。

② 增大梁截面惯性矩 I。这通常适用于个别构件,例如使用较大的截面或在离给定截面的中性轴尽可能远的地方添加材料,以有效地增大 I 值。图1.10 所示为一个常见的例子:一个长而窄的钢板焊接在 I 形钢梁的底部,当附加材料尽可能远离横截面的中性轴时,就能够有效地提高梁的截面惯性矩,解决了可能存在的振动问题。从结构概念上说,高层建筑可以看作是一个大的悬臂梁,其梁的截面惯性矩可以通过布置柱、剪力墙和支撑杆件的位置,使其尽可能远离横截面的中性轴来增加。

图 1.9　带有拉索的步行桥跨中塔架(南安普顿,英国)

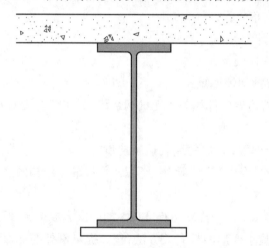

图 1.10　通过在梁底部添加板增加 I 值

③减小系数 α。这可以通过加强边界条件来实现,例如将铰接改为刚接,或者可以在结构上增加弹性支承。例如,斜拉桥的拉索为桥面提供了弹性支承,使桥梁能够跨越更长的距离。在这种情况下,桥面可以看作是弹性地基上的梁。图 1.9 所示的拉索支撑也可以解释为弹性支承。

式(1.15)是由简支梁理论导出的,适用于任何可转换为等效梁的问题,如桥梁或高层建筑。实际上,从这个方程中得到的理解已经应用于更复杂的情况,如平板、楼板和屋顶,远远超出了梁的范畴。基于以上所说的 3 个经验法则,已经发展出许多用于结构和构件抗变形设计的物理措施。

式(1.15) 关于梁的弯曲,适用于单个构件或结构元件,但是其在工程实践中的应用已远远超过单个梁构件。可以预想,在整体结构水平上,类似的方程将在结构抗变形设计中有更重要的意义和更广泛的应用。

1.5　设计经验法则

设计梁、柱和楼板等结构单元时可以使用简单有效的经验法则[1]。这些经验法则是大多数工程师所熟悉的,并被广泛用于快速的初步设计。例如,给定跨度和荷载,运用设计经验法则可以快速并足够准确地确定梁所需截面或钢筋混凝土楼板的厚度,而无须计算。有了这些设计经验法则的帮助,不仅加快了初步设计,还可以避免计算错误。

用于设计结构构件的经验法则的发展途径如图 1.11 所示。从许多成功的工程实践中总结或提取经验法则,随后通过理论建立和验证这些经验法则,进而许多工程师可以在结构构件(例如梁、柱、墙和楼板) 的设计中使用这些经验法则(进一步实践)。

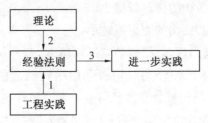

图 1.11　用于设计结构构件的经验法则的发展途径

对这些用于设计结构构件的经验法则及其发展途径提出一个问题:是否有其他类型的“经验法则”可用于设计整个结构,以实现较小的整体结构变形,或使结构更有效、更高效甚至更美观? 为了确定这些经验法则,按照逻辑应采用的方法是:通过研究被高度赞扬的结构并阅读著名的建筑师和工程师撰写的书籍,来识别这些经验法则。这样做有可能获得对这些结构的更好理解,对创造性设计由衷的赞赏,以及对形状与功能、建筑与结构、艺术与技术之间关系等的更深入的哲学思考;然而,很难找到由伟大工程师明确表达的经验法则,并且一些一般法则也不能从他们的设计和书籍中提取出来,以传达给他人,用于不同结构的设计。

另一种为整体结构寻找设计经验法则的方法可以从理论上发展出来,如图1.12 所示。

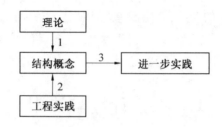

图 1.12　　设计整体结构的结构概念(设计经验法则)的发展

对图 1.12 所示流程图可做如下解释:

① 从当前教科书中的理论出发,寻找或发现对实际结构工程应用有重要意义的有关整体结构的概念,这里使用的是结构概念,而不是经验法则,因为它们是一般性的而不是特定的,并且可以用于设计众多结构。基于这些结构概念可以发展出特定的物理措施。本书第 2 章确定了基于结构内力与变形之间关系的 4 个结构概念。可以对它们进行直觉解读并将其以简洁、容易记住的方式表达如下:

　·传力路径越直接,结构的变形就越小。

　·结构内力越小,结构的变形就越小。

　·内力分布越均匀,结构的变形就越小。

　·弯矩转化为轴向力越多,结构的变形就越小。

② 针对许多手算问题,分别对是否采用结构概念的情况进行分析和比较。结果表明,这 4 个结构概念有效且可行。在使用这些结构概念检查由著名工程师和建筑师设计的几个结构之后,会惊奇地发现这些结构概念实际上已经融入他们的设计,这就从结构的角度解释了为什么这些结构是优秀的;此外,观察到当使用了 4 个结构概念中的一个或多个时,结构会更有效(更小的变形)、更高效(使用更少的材料)和更美观(建筑外观更令人愉悦)。

③ 希望这些结构概念,如同那些广泛使用的设计结构构件的经验法则,可供许多建筑师和工程师使用,用于结构抗变形设计和实现更有效、更高效和更美观的设计。

1.6　有效、高效和美观

英国结构工程师协会杂志 *The Stuctural Engineer*(《结构工程师》) 给出如下关于结构工程的定义[13]:结构工程是设计和建造建筑、桥梁、框架和其他类似结构,具有经济性和美观性的科学和艺术,以致它们能够安全地抵抗所受到的力。

定义中有安全、经济和美观 3 个关键因素,可视为设计和建造结构要实现的目标。经结构工程的专业训练后,人们能够实现具有令人满意的性能且有竞争性的成本的结构。与安全和经济不是特别有关的美观,通常由建筑师来考虑。

本书的重点是探讨减小变形的方法和变形与内力之间的关系,因此有必要缩小范围和修改以上 3 个目标为有效、高效和美观。有效是指一个结构应该满足所有的功能要求,如对变形、应力的要求和对结构的使用要求。在这里,有效将仅限于变形。如果在设计中达到较小的最大变形量,正如 1.1 节所讨论的那样,结构将具有更好的抗屈曲能力,更高的基本固有频率和较小的内力。因此可以说,这种设计比具有较大 / 最大变形量的类似设计更有效。高效用于评价在设计中材料的使用情况。当一个结构能够满足功能要求且使用更少的材料,可以说该结构比使用更多材料的类似结构更高效。美观描述了结构令人愉悦和优雅的视觉效果,这也许有点主观。这里的优雅被认为是结构美观,这是结构正确的结果。根据以上定义,两个或者更多类似结构的相对有效性和高效性可以量化。

本书所研究的 4 个结构概念的"美"和"振奋"之处在于,一个结构的有效、高效和美观是一个整体。当这 4 个结构概念中的一个可以融入设计以使结构更有效和更高效时,结构很可能会自然地变得更加美观,而不需要刻意追求。这一点可以通过第 3 ~ 6 章中的许多实例说明。

1.7　内容安排

本书共由 7 章组成,各章之间的关系如图 1.13 所示。

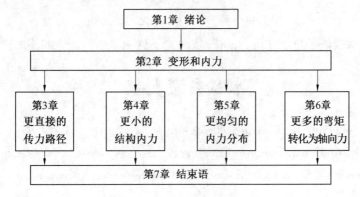

图 1.13　本书各章之间的关系

本章概述了本书的主题和用于阐明本书内容的思想。本书强调了直觉解读,因为它是一个有效的工具和技能,可用于对结构达到更高水平的理解,这在之后的章节中得到了进一步的验证和示范。

第2章以直观的方式阐明了第3～6章所述4个结构概念的理论背景,使读者能够获得透彻的理解。探讨了虚功原理的意义,直觉解读了一个连接整体结构变形和内力的基本方程,从而得到了减小变形与合理内力关系的4个结构概念以及对它们理解。这为其广泛而富有创意的应用提供了强有力的理论基础,并将在接下来的几个章节中加以说明。

第3～6章以类似的形式呈现,每一章集中说明一个结构概念(共4个)的有效性和高效性。各章均主要由3小节组成①:① 该结构概念在设计中的实施途径以及相应的物理和概念措施。② 两个从实际问题中提取出来的手算示例。每个示例都包含至少两个类似的情况,即包含与不包含基于该结构概念的实施途径,通过计算可以清楚地识别和量化该实施途径的效果。③ 对有效使用相应结构概念实施途径的若干工程实例进行了检查和定性分析,以阐明对该结构概念的应用及其效果。这3个小节之间的关系如图1.14所示。详细的手算示例将说明分析的途径,以便理解和量化结构概念的有效性和效率,并且这些发现也将用于理解相关的工程实例。工程实例将帮助读者了解该结构概念如何被用于解决具有挑战性的问题以及实现更有效、更高效和更美观的结构。

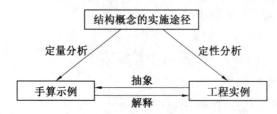

图1.14　第3～6章各节之间的关系

第7章提供了总结评价,并进一步讨论了这4个结构概念的使用情况。

本章参考文献

[1] Schollar, T. *Structural Sizing*: *Rules of Thumb*, AJ, 1989.

[2] Institution of Structural Engineers. *Dynamic Performance Requirements for Permanent Grandstands Subject to Crowd Action*: *Recommendations for*

①指第3～6章的主体部分,另还有第4小节"进一步讨论"(译者注)。

Management, *Design and Assessment*. The Institution of Structural Engineers, London, 2008.

[3] Ellis, B. R. and Ji, T. *BRE Digest* 426: *The Response of Structures to Dynamic Crowd Loads*, Building Research Establishment Ltd. , Watford, 2004.

[4] Smith, A. L. , Hicks, S. J. and Devine, P. J. *Design of Floors for Vibration*: *A New Approach*, The Steel Construction Institute, P354, Ascot, 2007.

[5] Ji, T. , Bell, A. J. , Ellis, B. R. *Understanding and Using Structural Concepts*, Second Edition, CRC Press, London, 2016.

[6] Gere, J. M. *Mechanics of Materials*, Thomson Books/Cole, Belmont, 2004.

[7] Hibbeler, R. C. *Mechanics of Materials*, Sixth Edition, Prentice-Hall Inc. , Singapore, 2005.

[8] Torroja, E. *The Structures of Eduardo Torroja*: *An Autobiography of an Engineering Accomplishment*, F W Dodge Corporation, USA, 1958.

[9] Ji, T. , Bell A. J. *Can intuitive interpretation be taught in structural engineering education?* IV International Conference on Structural Engineering Education: Structural Engineering Education without Borders, 20-22 June 2018, Madrid, Spain.

[10] Ellis, B. R. and Ji, T. Human-Structure Interaction in Vertical Vibrations, *Structures and Buildings*, *the Proceedings of Civil Engineers*, 122(1), 1-9, 1997.

[11] Meriam, J. L. and Kraige, L. G. *Engineering Mechanics*, *Vol.* 2: *Dynamics*, Fourth Edition, John Wiley & Sons, New York, 1998.

[12] Ji, T. , Cunningham, L. S. An Insight into Structural Design Against Deflection, *Structures*, 15, 349-354, 2018.

[13] The Institution of Structural Engineers, *The Structural Engineer*, 72(3), 1994.

第2章 变形和内力

2.1 结构的变形

式(1.15) 给出了结构构件的梁弯曲变形基本方程,但其应用范围远远超出了结构构件,同样可用作整体结构的类似方程,因此便可将该基本方程用于更先进的结构抗变形设计。

在整体结构水平上,有 s 个构件的铰接结构与刚性框架结构的最大变形量可分别用式(2.1) 和式(2.2) 计算[1,2]:

$$\Delta_{\max} = \sum_{i=1}^{s} \frac{N_i \overline{N}_i L_i}{E_i A_i} \tag{2.1}$$

$$\Delta_{\max} = \sum_{i=1}^{s} \frac{\int_0^{L_i} M_i(x) \overline{M}_i(x) \, \mathrm{d}x}{E_i I_i} \tag{2.2}$$

式中　　N_i—— 由实际荷载引起的第 i 个构件中的轴向力,$i = 1,2,\cdots,s$;

　　　　$\overline{N}_i$—— 由施加在可能发生最大变形的临界点(位置和方向)上单位荷载引起的第 i 个构件上的轴向力;

　　　　$M_i(x)$,$\overline{M}_i(x)$—— 由实际荷载引起的和在临界点处施加的单位荷载引起的第 i 个构件中的弯矩,类似于 N_i 和 $\overline{N}_i$;

　　　　L_i,E_i,A_i,I_i—— 第 i 个构件的长度、弹性模量、截面面积和面积二阶矩。

式(2.1) 和式(2.2) 提供了一种计算铰接结构和刚性框架结构变形量的方法。式(2.1) 适用于桁架、脚手架和网格结构,已有 150 多年的历史[3]。然而,在材料力学和结构分析教材中,式(2.1) 并没有得到足够的重视。这是因为该方程需要通过计算内力 N_i 和 $\overline{N}_i$ 来确定变形量,这样的计算对于多个构件的结构或超静定结构来说可能过于烦琐。通常,教科书中会提供非常简单的静定平面结构,以说明如何使用式(2.1) 计算变形量。同样,式(2.2) 适用于计算梁和简单框架的最大变形量。

　　与式(1.15)不同的是,简单地解读式(2.1)和式(2.2)且把握这两个方程所包含的物理本质并不容易。这是因为 N_i 和 $M_i(x)(i=1,2,\cdots,s)$ 是荷载的函数,而荷载有多种变化,同时式(2.1)和式(2.2)包含诸多项(即结构有许多构件)。

　　与式(1.15)相比,理解式(2.1)和式(2.2),从而减小结构最大变形量的方法尚不为人所知。在本章参考文献[4 ~ 6]相关研究成果的基础上,本章为揭示结构内力与最大变形量之间的物理本质提供了理论依据;对虚功原理的直觉解读将提供4个基本的结构概念,这些结构概念具有普遍性,易于理解,并且对实际应用很有帮助。

2.2　直杆的内力、变形和能量

　　研究简单的例子往往可以建立对理论的基本理解。图2.1(a)所示为两个具有相同弹性模量 E、相同长度 L、不同截面积 A_a 和 A_b 的线弹性直杆。其中 $A_b > A_a,A_b = \alpha A_a(\alpha > 1)^{[2]}$。细杆和粗杆分别受两端施加的 P_a 和 P_b 两对力的作用。在以下两种加载条件下,考察两根杆件的变形、内力和储存在两根杆件中的弹性应变能之间的关系:① 当两根杆件的内力相同时;② 当两根杆件的总伸长相同时。

　　利用隔离体图(图2.1(b))和平衡方程,很容易确定两根杆件的内力等于施加的外力,即

$$N_a = P_a,\quad N_b = P_b$$

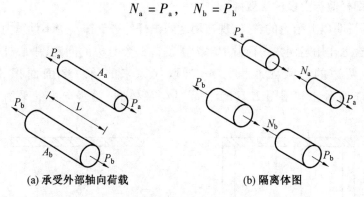

　　　(a) 承受外部轴向荷载　　　　　　　　　(b) 隔离体图

图 2.1　两根横截面不同的线弹性直杆受到的轴向力

两根杆件的力 – 变形量方程为

$$\delta_a = \frac{N_a L}{EA_a}\quad 或\quad N_a = \frac{EA_a}{L}\delta_a = k_a\delta_a \tag{2.3a}$$

$$\delta_\mathrm{b} = \frac{N_\mathrm{b}L}{EA_\mathrm{b}} \quad 或 \quad N_\mathrm{b} = \frac{EA_\mathrm{b}}{L}\delta_\mathrm{b} = k_\mathrm{b}\delta_\mathrm{b} \tag{2.3b}$$

式中　　$k_\mathrm{a}, k_\mathrm{b}$——两根杆件的轴向刚度,表明了杆件抵抗轴向变形的能力,$k_\mathrm{a} = EA_\mathrm{a}/L, k_\mathrm{b} = EA_\mathrm{b}/L$。

两根杆件的应变能分别为

$$U_\mathrm{a} = \frac{1}{2}k_\mathrm{a}\delta_\mathrm{a}^2 = \frac{1}{2}N_\mathrm{a}\delta_\mathrm{a}, \quad U_\mathrm{b} = \frac{1}{2}k_\mathrm{b}\delta_\mathrm{b}^2 = \frac{1}{2}N_\mathrm{b}\delta_\mathrm{b} \tag{2.4}$$

式(2.3)表明,**内力越大,变形就越大**;而式(2.4)表明,**变形越大,应变能就越大**。这些结论来自于杆件这个非常简单的例子,但它们适用于更复杂的情况,甚至适用于整个结构。

式(2.3)的两个变形式和式(2.4)中的两个能量方程的比分别为

$$\frac{\delta_\mathrm{b}}{\delta_\mathrm{a}} = \frac{N_\mathrm{b}L}{EA_\mathrm{b}}\frac{EA_\mathrm{a}}{N_\mathrm{a}L} = \frac{A_\mathrm{a}}{A_\mathrm{b}}\frac{N_\mathrm{b}}{N_\mathrm{a}} = \frac{1}{\alpha}\frac{N_\mathrm{b}}{N_\mathrm{a}} \tag{2.5}$$

$$\frac{U_\mathrm{b}}{U_\mathrm{a}} = \alpha\frac{\delta_\mathrm{b}^2}{\delta_\mathrm{a}^2} = \frac{1}{\alpha}\frac{N_\mathrm{b}^2}{N_\mathrm{a}^2} \tag{2.6}$$

当两根杆件的内力相同,即 $N_\mathrm{a} = N_\mathrm{b}$ 时,从式(2.5)和式(2.6)中可以观察到:$\delta_\mathrm{b} < \delta_\mathrm{a}, U_\mathrm{b} < U_\mathrm{a}, \alpha > 1$。**当两根杆件受到的内力相同时,粗杆的变形量比细杆的变形量小,粗杆储存的能量比细杆储存的能量少。**

当两根杆件总变形量相同,即 $\delta_\mathrm{a} = \delta_\mathrm{b}$ 时,也可以从式(2.5)和式(2.6)中看出:$N_\mathrm{b} > N_\mathrm{a}, U_\mathrm{b} > U_\mathrm{a}$。这表明**当两根杆件的变形量相同时,粗杆会受更大的内力,并比细杆储存更多的应变能。**

为了说明以上结论的含义,现在用这两根杆件来支撑一个不计重力的刚性板,刚性板上作用竖向集中荷载 P。为了创造一个对称的问题,中心杆截面面积为 A_b,两边的杆截面面积为 $A_\mathrm{a}/2$(取代原来的单杆截面面积 A_a),如图2.2(a)所示。利用图2.2(b)所示的隔离体图,由竖向力的平衡方程和

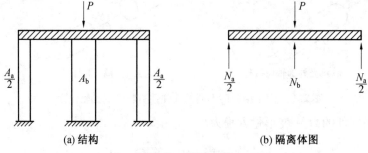

(a) 结构　　　　　　　　　　　　　(b) 隔离体图

图2.2　受压问题

力 - 变形量方程(式(2.3))可得到:

$$P = N_a + N_b = \left(\frac{EA_a}{L} + \frac{EA_b}{L} \right) \Delta = (k_a + k_b) \Delta \tag{2.7}$$

式中　　Δ—— 杆的竖向变形量。

　　式(2.7) 表明,在相同的竖向变形量下,刚度较大的构件分担或吸引较大的荷载,即构件的内力与其轴向刚度成正比。这个结论从一个简单的轴压问题得出,但也适用于更复杂的情况。例如,一个不计重力的刚性板由 4 根柱子支承,并承受一集中的水平荷载,如图 2.3(a) 所示。这 4 根柱子具有相同的高度 L 和相同的弹性模量 E,但面积二阶矩不同,分别为 I_a、I_b、I_c 和 I_d。可以看出这是一个弯曲问题,4 根柱子的水平变形量相同。图 2.3(b) 给出了刚性板的隔离体图,刚性板的平衡方程为

$$P = Q_a + Q_b + Q_c + Q_d = \left(\frac{12EI_a}{L^3} + \frac{12EI_b}{L^3} + \frac{12EI_c}{L^3} + \frac{12EI_d}{L^3} \right) \Delta =$$

$$(k_a + k_b + k_c + k_d) \Delta \tag{2.8}$$

其中,$k_i = \dfrac{12EI_i}{L^3}(i = a, b, c, d)$。式(2.8) 的形式与式(2.7) 的形式相似,因此由式(2.7) 获得的观察或结论适用于式(2.8) 所描述的弯曲问题。从加载位置到结构支座的力传递可以看作是通过结构构件到结构支座的一种力流,其中刚度较大的构件吸引了较大的力流。例如考虑 $I_a = I_b = I_c$ 和 $I_d = 2I_a$,则根据式(2.8),3 个左侧柱各受 $0.2P$ 荷载,右侧柱受 $0.4P$ 荷载。计算结果表明,该结构的受力更多地流向了结构中刚度较大的部分,从而可以通过设计来引导结构的力流。

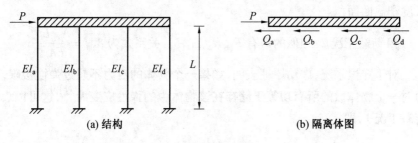

(a) 结构　　　　　　　　　　　　(b) 隔离体图

图 2.3　弯曲问题

2.3　结构的内力、变形和能量

　　了解结构的最大变形可能发生的临界点的位置具有重要的实际意义。为了识别临界点,可以将单位荷载依次放置在每个节点的适当方向上,并计算其

相应的位移,从而得出节点的一系列位移。数组中最大值对应的节点是临界点。根据这一定义可知,结构的临界点位置与结构的荷载无关。

通常,在没有计算的情况下,可以直观地识别出结构的临界点。例如,悬臂梁的临界点位于其自由端,而简支板的临界点位于其中心。对于图2.4中的特定情况,节点 C 是构架在竖直方向上的临界点。

考虑一个由 s 个杆件和 n 个自由度组成的桁架结构,它承受两组荷载,如图 2.4 所示。桁架的所有杆件都具有相同的弹性模量 E。图 2.4(a)所示的荷载工况1是承受的实际荷载,而图2.4(b)中所示的荷载工况2是在结构的临界点 C 处施加的一竖向单位集中荷载。

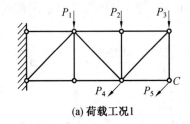
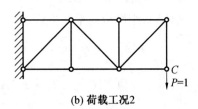

(a) 荷载工况1　　　　　　　　　　　　　　(b) 荷载工况2

图 2.4　　两组荷载施加在相同的桁架结构上①

通过对两种荷载工况下的桁架结构的分析,得出了如下两组结果,其公式中变量的下标1和2分别与荷载工况编号对应。

① 荷载工况1:外力为 P_1,内力为 N_1,节点位移为 Δ_1,杆件伸长量为 δ_1,第 j 个杆件的内力与其伸长量之间的关系为 $\delta_{1,j} = \dfrac{N_{1,j}L_j}{EA_j}$,$L_j$ 和 A_j 分别为第 j 个杆件的长度和截面面积。

② 荷载工况2:相似的量有 P_2,N_2,Δ_2,δ_2,关系式为 $\delta_{2,j} = \dfrac{N_{2,j}L_j}{EA_j}$。

对于守恒系统,虚功原理表明,**如果一个物体的应力不超过弹性极限,则外力对一个物体做的所有功等于储存在该物体中的弹性应变能**[2],这可以表示为荷载工况1,即

$$W_{1,1} = \frac{1}{2}\sum_{i=1}^{n} P_{1,i}\Delta_{1,i} = \frac{1}{2}\sum_{j=1}^{s} N_{1,j}\delta_{1,j} = \frac{1}{2}\sum_{j=1}^{s} \frac{N_{1,j}^2 L_j}{EA_j} \qquad (2.9)$$

式中　　$W_{1,1}$——由荷载 P_1 在它所产生的位移 Δ_1 上所做的外部功。

式(2.9)的右边项是存储在 s 根杆件内的弹性应变能。

---

①P 的单位为 N(译者注)。

考虑荷载工况 1 的外力 P_1 在荷载工况 2 荷载所产生的位移 Δ_2 上做的功,以及荷载工况 1 的内力 N_1 在荷载工况 2 杆件伸长量 δ_2 下的应变能,得到如下结果:

$$W_{1,2} = \frac{1}{2}\sum_{i=1}^{n} P_{1,i}\Delta_{2,i} = \frac{1}{2}\sum_{j=1}^{s} N_{1,j}\delta_{2,j} = \frac{1}{2}\sum_{j=1}^{s} \frac{N_{1,j}N_{2,j}L_j}{EA_j} \qquad (2.10)$$

同理,外力 P_2 在位移 Δ_1 上所做的功,以及内力 N_2 在杆件伸长量 δ_1 下的应变能为

$$W_{2,1} = \frac{1}{2}\sum_{i=1}^{n} P_{2,i}\Delta_{1,i} = \frac{1}{2}\sum_{j=1}^{s} N_{2,j}\delta_{1,j} = \frac{1}{2}\sum_{j=1}^{s} \frac{N_{2,j}N_{1,j}L_j}{EA_j} \qquad (2.11)$$

可以观察到式(2.10)和式(2.11)中的右边项是基本相同的,这就得到如下结果:

$$W_{1,2} = W_{2,1} \qquad (2.12)$$

这是**功的互等定理**,即荷载工况 1 的外力在荷载工况 2 的位移上所做的功等于荷载工况 2 的外力在荷载工况 1 的位移上所做的功。

在荷载工况 2 中,由于仅在节点 C 处施加单位荷载,因此式(2.11)中的外力功为

$$W_{2,1} = \frac{1}{2}\sum_{i=1}^{n} P_{2,i}\Delta_{1,i} = \frac{1}{2}(1 \times \Delta_{1,c}) \qquad (2.13)$$

将式(2.13)代入式(2.11)并进行简化可得

$$\Delta_{1,c} = \sum_{j=1}^{s} \frac{N_{2,j}N_{1,j}L_j}{EA_j} \qquad (2.14)$$

式(2.14)提供了一种用于计算在荷载工况 1 下(图 2.4(a))产生的结构节点 C 处位移的方法,具体有以下 3 个步骤:

①计算 P_1 产生的内力 N_1,P_1 是结构上的实际荷载。

②计算由单位荷载 P_2 产生的内力 N_2。

③使用式(2.14)计算节点 C 处的竖向位移。

需要注意的是,如果一个桁架结构是超静定的,或者它有许多构件,那么确定 N_1 和 N_2 所需的计算可能是很有挑战性且烦琐的。因此,式(2.14)很少用于计算实际桁架结构的变形量。

在讨论完 $W_{1,1}$,$W_{1,2}$ 和 $W_{2,1}$ 后,按常理来讨论 $W_{2,2}$,$W_{2,2}$ 可以表示为

$$W_{2,2} = \frac{1}{2}(1 \times \Delta_{2,c}) = \frac{1}{2}\sum_{j=1}^{s} \frac{N_{2,j}^2 L_j}{EA_j} \qquad (2.15)$$

这是与 $W_{1,1}$ 类似的方程,但 $W_{2,2}$ 表示 P_2 在位移 Δ_2 上做的功,即单位力 $P_{2,c} = 1$ N 在位移 $\Delta_{2,c}$ 上做的功。简化式(2.15)可得

$$\Delta_{2,c} = \sum_{j=1}^{s} \frac{N_{2,j}^2 L_j}{EA_j} \tag{2.16}$$

在讨论式(2.16)的物理意义之前,查看以弯矩为主要内力的框架结构是否有类似桁架结构的方程。如果将图 2.4 中桁架的铰接连接全部改为刚性连接,它就变成了框架结构。计算实际荷载引起的变形量和单位荷载引起的变形量的两个公式可以写成

$$W_{21} = \frac{1}{2} \sum_{i=1}^{n} P_{2,i} \Delta_{1,i} = \frac{1}{2} \times (1 \times \Delta_{1,c}) = \frac{1}{2} \sum_{j=1}^{s} \frac{\int_0^{l_j} M_{2,j}(x) M_{1,j}(x) \, \mathrm{d}x}{EI_j} \tag{2.17}$$

$$W_{22} = \frac{1}{2} \sum_{i=1}^{n} P_{2,i} \Delta_{2,i} = \frac{1}{2} \times (1 \times \Delta_{2,c}) = \frac{1}{2} \sum_{j=1}^{s} \frac{\int_0^{l_j} M_{2,j}^2(x) \, \mathrm{d}x}{EI_j} \tag{2.18}$$

式中　$M_{1,j}(x), M_{2,j}(x)$ —— 荷载工况 1 和荷载工况 2 引起的第 j 个杆件的弯矩。

与式(2.14)相似,式(2.17)可用于计算框架结构在实际荷载作用下的变形量。式(2.18)中第 j 个杆件的积分 $\int_0^{l_j} M_{2,j}^2(x) \, \mathrm{d}x$ 是指 $M_{2,j}^2(x)$ 在 0 和 L_j 之间曲线下方的面积,它也可以用长度 L_j 和平均高度 $\overline{M_{2,i}^2}$ 的等效矩形的相同面积表示,因此式(2.18)也可以表示为

$$\Delta_{2,c} = \sum_{j=1}^{s} \frac{\overline{M_{2,j}^2} L_j}{EI_j} \tag{2.19}$$

式(2.16)和式(2.19)具有类似的形式,涉及内力的平方。前一个方程适用于桁架结构,后一个适用于梁和框架结构。下一节将讨论这两个方程中 $\Delta_{2,c}$ 的物理含义。

2.4　$\Delta_{2,C}$ 的物理含义

考虑在一个结构上将所有荷载集中在临界点的最不利加载方案,这样得到的在临界点处的变形量将大于由所有可能的其他荷载分布所引起的在该点处的变形量。例如,将作用在图 2.4(a) 所示桁架上的所有荷载移动并集中在临界点 C 处,该集中荷载引起的临界点 C 的竖向变形量会大于任何其他荷载分布所产生的竖向变形量。如果将该集中荷载归一化为单位荷载,则该单位荷载不是真实的荷载工况,而是产生结构最大变形的最不利荷载工况,则式(2.16)或

式(2.19)可分别用于计算不同类型的桁架和框架结构在归一化荷载作用下的最大变形量。因此,$\Delta_{2,c}$ 表示结构在最不利荷载工况下的最大变形量,其最不利荷载工况为将结构上的所有荷载集中在临界点并归一化为单位荷载。

在结构的一点处的柔度系数被定义为由单位荷载在加载方向上引起的变形量。因此 $\Delta_{2,c}$(式(2.16)或式(2.19))是结构临界点的柔度系数,并且在任何桁架或框架结构的所有柔性系数之中具有最大值。这种解释可以在数学上被证明。

考虑由 s 个构件和 n 个节点建立的结构,每个节点具有 d 个自由度。包含 $n \times d$ 个未知量的静态平衡方程表示为

$$KU = P \tag{2.20}$$

式中　U—— 待确定的节点位移向量;

　　　P—— 荷载向量;

　　　K—— 考虑边界条件作用后的刚度矩阵。

式(2.20)是一般的平衡方程,适用于任何线性弹性结构。

将一个单位荷载施加在给定方向 l 的临界点 C 处,其中 l 是临界点的第 l 个自由度,则荷载向量为

$$P = \begin{bmatrix} 0 & 0 & \cdots & 1 & \cdots & 0 & 0 \end{bmatrix}^T \tag{2.21}$$

将式(2.21)代入式(2.20)并进行求解会得到变形量[5]:

$$\begin{bmatrix} u_1 \\ \vdots \\ u_{cl} \\ \vdots \\ u_{n \times d} \end{bmatrix} = K^{-1}P = \delta P = \begin{bmatrix} \delta_{1,1} & \cdots & \delta_{1,cl} & \cdots & \delta_{1,n} \\ \vdots & & \vdots & & \vdots \\ \delta_{cl,1} & \cdots & \delta_{cl,cl} & \cdots & \delta_{cl,n} \\ \vdots & & \vdots & & \vdots \\ \delta_{n,1} & \cdots & \delta_{n,cl} & \cdots & \delta_{n,n} \end{bmatrix} \begin{bmatrix} 0 \\ \vdots \\ 1 \\ \vdots \\ 0 \end{bmatrix} = \begin{bmatrix} \delta_{1,cl} \\ \vdots \\ \delta_{cl,cl} \\ \vdots \\ \delta_{n,cl} \end{bmatrix}$$

$$\tag{2.22}$$

式中　δ—— 结构的柔度矩阵(刚度矩阵的逆矩阵);

　　　$\delta_{cl,cl}$—— 柔度矩阵中 cl 行和 cl 列的对角线单元,cl 表示在临界点的自由度,可用 $cl = c \times d + l$ 确定[①],c 是临界点 C 的节点号,考虑式(2.22)中的 cl 行给出。

$$\Delta_{2,C} = u_{cl} = \delta_{cl,cl} \tag{2.23}$$

式(2.23)表示,**由给定方向的单位荷载引起的临界点处的变形量**

①d、l 分别为行、列数(译者注)。

$u_{cl}(\Delta_{2,c})$ 就是结构的柔度矩阵中的系数 $\delta_{cl,cl}$。

刚度矩阵 K 给出了结构构件的分布及其对刚度矩阵的贡献的详细描述。然而,从 K 中难以理解和感受该结构有"多么刚"。在实践中,希望用一个数值来表明结构的刚度。由单位荷载引起的临界点处的变形量的倒数通常被定义为结构的静刚度[6],即

$$K_S = \frac{1}{u_{cl}} \qquad (2.24)$$

例如,当在悬臂梁的自由端施加单位竖向荷载时,自由端处的竖向位移是 $L^3/(3EI)$,那么悬臂梁的静刚度是 $(3EI)/L^3$。由式(2.23)和式(2.24)给出结构的静刚度如下:

$$K_S = \frac{1}{\delta_{cl,cl}} \qquad (2.25)$$

式(2.25)表明结构的静刚度是结构柔度矩阵中最大对角线元素的倒数。

总之,$\Delta_{2,c}$ 的物理含义(单位荷载施加在临界点引起的结构临界点的位移)是结构静刚度的倒数(式(2.24)),等于结构柔度矩阵中的最大柔度系数(式(2.23))。当所有荷载集中到结构的临界点并归一化为一个单位荷载时,$\Delta_{2,c}$ 也可以看作是结构最大的可能变形量。

2.5　直觉解读

在讨论了式(2.16)和式(2.19)左边项的物理意义后,可以解读这两个方程的右边项。当荷载集中在结构的临界点并归一化为单位荷载时,式(2.16)和式(2.19)右边项中的内力与任何特定的荷载无关,而是结构形式的函数;对于超静定结构,它们也是材料和截面性质的函数。为了达到设计目的,理想的做法是使用相同的材料或较少的材料且使结构的变形量尽可能小,或使结构的静刚度尽可能大,即

$$\frac{1}{K_S} = \Delta_{2,c} = \sum_{j=1}^{s} \frac{N_{2,j}^2 L_j}{EA_j} \quad \to \min \qquad (\text{原}2.16)$$

$$\frac{1}{K_S} = \Delta_{2,c} = \sum_{j=1}^{s} \frac{\overline{M}_{2,j}^2 L_j}{EI_j} \quad \to \min \qquad (\text{原}2.19)$$

求得结构临界点的最小变形量或结构的最大静刚度可视为拓扑优化问题。对于一种拓扑优化[7],结构的几何形式是通过删除具有最小应力(应变能)的单元或在应力需求很大处增加单元而逐渐改变的。这种迭代过程旨在

使应力分布尽可能均匀,最终得出以基于最小变形量(或最大刚度)为目标函数的最优拓扑设计。式(2.16)或式(2.19)构成了一个定义不完整的优化问题,因此标准优化技术在这一阶段不能直接适用。然而,该不完全优化问题的物理本质仍然是可以确认和解读的。

由于内力与结构形式密切相关,可以直接用式(2.16)和式(2.19)来讨论内力,而不是考虑结构的拓扑。式(2.16)和式(2.19)中的物理量具有下列数学特征:

① $E > 0, A_j > 0, I_j > 0$ 且 $L_j > 0$;

② $N_{2,j}^2 \geqslant 0, \overline{M}_{2,j}^2 \geqslant 0$,无论构件是受拉还是受压,或者弯矩是正的还是负的。

式(2.16)和式(2.19)中的所有项都是非负的。当式(2.16)中的 A_j/L_j 和式(2.19)中的 I_j/L_j 没有显著变化时,内力控制了两个方程中的变形量。对这两个方程中的更小变形量和内力之间的关系可以直觉解读如下:

① 使变形量尽可能小的一种方法是在式(2.16)和式(2.19)的右侧尽可能多地包含等于零的项。从数学上讲,正项越少,所有项的总和就越小。在物理上,许多零项意味着这些杆件是零力杆件。即位于临界点处的单位荷载不经过这些零力杆件,而是通过较直接的内力路径传递到结构支座。零力杆件数越多,传力路径就越直接。这种物理现象表明,**从荷载到结构支座的传力路径越短或越直接,会产生越小的结构变形**。

② 从式(2.16)和式(2.19)可以直接观察到,如果等式右边的每个项变小,它们的和就会变小。相应的物理现象是,**较小的内力会导致较小的结构变形**。

③ 考虑 3 组数据,每组数据由 5 个数字组成,见表2.1。这 3 组数据的总和是相同的,但 3 个数据组中的 5 个数字之间的最大差值是不同的。因此,3 组数据的平方和是不同的。可以观察到,5 个数字的最大差值越大,平方和就越大。

表 2.1　3 组数据的比较

数组	5 个数字	5 个数字的最大差值	$\sum\limits_{i=1}^{5} a_i$	$\sum\limits_{i=1}^{5} a_i^2$
1	1, 2, 3, 4, 5	4	15	55
2	2, 2, 3, 4, 4	2	15	49
3	3, 3, 3, 3, 3	0	15	45

由于式(2.16)或式(2.19)的右侧项与$\sum_{i=1}^{5} a_i^2$之间的相似性,对表2.1做简单比较的观察方法适用于式(2.16)和式(2.19)。内力之间差值较小的数据组将比差值较大的数据组的平方和小。相应的物理解读为:**分布较均匀的内力会产生较小的结构变形**。

总之,通过三种途径可有效实现理想的内力和内力分布,并实现较小的变形,将这三种途径以更便于记忆的方式表达如下:

① 传力路径越直接,结构的变形就越小;

② 内力越小,结构的变形就越小;

③ 内力分布越均匀,结构的变形就越小。

2.6   由弯矩、轴向力和剪力引起的变形

以上关于如何实现较小变形的解读是基于式(2.16)和式(2.19)进行分析的,这两个方程是基于轴向力或弯矩的。然而,构件可以同时承受弯矩、轴向力和剪力。对于同时含有这三种力的结构,结构的变形量为

$$\Delta_C = \sum_{i=1}^{s} \frac{\int_0^{L_i} M_i(x)\overline{M}_i(x)\,\mathrm{d}x}{E_i I_i} + \sum_{i=1}^{s} \frac{N_i(x)\overline{N}_i(x)L_i}{E_i A_i} + \sum_{i=1}^{s} \frac{Q_i(x)\overline{Q}_i(x)I}{G_i A_i} \quad (2.26)$$

下面通过示例说明弯矩、轴向力和剪力共同作用所产生的变形。考虑四分之一圆环,半径为R,一端固定,一端自由,如图2.5所示。该环形结构具有均匀的矩形截面,截面宽度为b、高度为h,材料特性为E和$G(G = 0.5E)$。单位竖向荷载施加在自由端。下面确定该构件自由端的竖向位移。

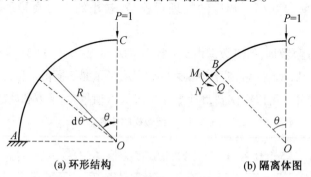

(a) 环形结构   (b) 隔离体图

图2.5   受集中荷载作用的四分之一圆环①

---

① P 的单位 N(译者注)。

考虑该四分之一圆环的受力,如图 2.5(b) 所示,表明了由 θ 定义的典型截面 B 处的内力。构件的内力可以用三个基本平衡方程来确定:

$$M = \overline{M} = R\sin\theta, \quad N = \overline{N} = \sin\theta, \quad Q = \overline{Q} = \cos\theta$$

将内力代入式(2.26) 并注意到 $\mathrm{d}l = R\mathrm{d}\theta$,得出

$$
\begin{aligned}
\Delta &= \frac{\int_0^{L_i} M(x)\overline{M}(x)\mathrm{d}l}{EI} + \frac{\int_0^{L_i} N(x)\overline{N}(x)\mathrm{d}l}{EA} + \frac{\int_0^{L_i} Q(x)\overline{Q}(x)\mathrm{d}l}{GA} = \\
&= \frac{R^3}{EI}\int_0^{\pi/2}\sin^2\theta\mathrm{d}\theta + \frac{R}{EA}\int_0^{\pi/2}\sin^2\theta\mathrm{d}\theta + \frac{R}{GA}\int_0^{\pi/2}\cos^2\theta\mathrm{d}\theta = \\
&= \frac{\pi R^3}{4EI} + \frac{\pi R}{4EA} + \frac{\pi R}{4GA}
\end{aligned}
$$

将 $G = 0.5E$ 和 $A = 12I/h^2$ 代入上述方程,则自由端的竖向位移为

$$\Delta = \frac{\pi R^3}{4EI}\left[1 + \frac{1}{12}\left(\frac{h}{R}\right)^2 + \frac{1}{6}\left(\frac{h}{R}\right)^2\right] \tag{2.27}$$

式(2.27) 的中括号内的三项分别表示弯矩、轴向力和剪力对变形的相对贡献。任选截面高度与弯曲构件半径之比的三个值,相对贡献可量化如下:

若 $\dfrac{h}{R} = 10$,则

$$\Delta = \frac{\pi R^3}{4EI}\left(1 + \frac{1}{1\,200} + \frac{1}{600}\right)$$

若 $\dfrac{h}{R} = 5$,则

$$\Delta = \frac{\pi R^3}{4EI}\left(1 + \frac{1}{300} + \frac{1}{150}\right)$$

若 $\dfrac{h}{R} = 2.5$,则

$$\Delta = \frac{\pi R^3}{4EI}\left(1 + \frac{1}{75} + \frac{1}{37.5}\right)$$

结果表明,与弯矩作用相比,轴向力和剪力作用的贡献很小。**当构件的尺寸明显大于截面尺寸时,受弯问题中轴向力和剪力作用引起的变形很小,可以忽略不计。**

对于受弯矩和轴向力作用的结构,有 f 个受弯矩作用的构件和 g 个受轴向力作用的构件,其变形量可根据式(2.16) 和式(2.19) 确定为

$$\Delta_{2,c} = \sum_{j=1}^{f} \frac{\overline{M}_{2,j}^2 L_j}{E_j I_j} + \sum_{j=1}^{g} \frac{N_{2,j}^2 L_j}{E_j A_j} \tag{2.28}$$

由弯矩作用引起的变形量比由轴向力作用引起的变形量大得多,式
(2.28)暗示了另一种减小变形的途径,即将弯矩作用转化为轴向力作用,例如
用受轴向力的杆件代替受弯矩作用的构件和／或增加受轴向力的杆件以减小
受弯矩作用的构件中的弯矩。

这可以总结为第四个结构概念以实现更小的变形:**弯矩转化为轴向力越
多,结构的变形就越小**。

众所周知,当通过轴向力而不是弯矩传递荷载时,结构将变得更加有效。
其中一个原因是可达到材料的利用效率,这与构件横截面上的应力分布(即轴
向应力均匀分布和弯矩应力线性分布)有关。第四个结构概念尤其与结构的
变形有关,并且表明由弯矩引起的变形量将比由轴向力引起的变形量大得多。

2.7　结构概念的特点

2.7.1　4个结构概念

由式(2.16)、式(2.19)和式(2.28)直觉解读的4个结构概念是简单的、富
有意义的、基本的和具有普遍性的,与任何类型的桁架和／或框架结构的整体
结构的变形和内力有关。这4个结构概念可以用更简练和更便于记忆的方式
加以概括,并作为设计经验法则表述如下:

①传力路径越直接,结构的变形就越小。

②结构内力越小,结构的变形就越小。

③内力分布越均匀,结构的变形就越小。

④弯矩转化为轴向力越多,结构的变形就越小。

在以上这些陈述中,没有直接、明确地说明结构的形式,而是将结构形式隐
含其中。1.2节表明,结构形式、变形和内力密切相关,以致改变三者中的任何
一个都会导致另外两个发生改变。这4个结构概念为创造性地减小结构变形
提供了坚实的基础。下文进一步研究和讨论这些问题,以获得对这些问题更充
分和彻底的了解。

2.7.2　普遍性

式(2.16)和式(2.19)是由虚功原理导出的,具有普遍性,适用于所有类
型的桁架和框架结构,也包含了基于梁理论的式(1.15)所获得的结构概念。

均布荷载作用下等截面梁的最大弯矩为

$$M_{max} = \beta q L^2 \tag{2.29}$$

对于简支梁 $\beta = 1/8$，对于悬臂梁 $\beta = 1/2$，将式（2.29）代入式（1.15），挠度也可表示为

$$\Delta_{max} = \alpha \frac{qL^4}{EI} = \alpha \frac{M_{max}^2}{\beta^2 qEI} \tag{2.30}$$

式（2.30）表明，**最大位移与最大弯矩的平方成正比**，或者给予更一般化的描述，**内力越小，结构的变形就越小**，这就是第二个结构概念。这说明用虚功原理推导出的 4 个结构概念包含了由梁理论发展而来的基本概念。

2.7.3 互换性

前 3 个结构概念是从同一个式（式（2.16）或式（2.19））中直觉解读出来的，这意味着这些结构概念不是独立的，是可互换的，即当一个结构具有更直接的传力路径时，该结构可能具有更小的结构内力和更均匀的内力分布。这可以用一个例子来说明。

图 2.6 所示为两个类似的三层三跨桁架结构，在右上角承受一个单位（1 kN）的水平荷载。它们具有相同的尺寸、弹性模量 E 和截面面积 A。每个桁架有 24 根杆件，竖向杆件和水平杆件具有相同的长度 L，两个桁架之间唯一的区别是 3 根支撑杆件的排列方式。对于图 2.6(a) 所示的桁架 A，支撑杆件被放置在右跨中；对于图 2.6(b) 所示的桁架 B，支撑杆件是在结构三跨对角线上排列的。可以通过将桁架 A 中间支撑杆件向左移动 1 个区间，底部支撑杆件向左移动 2 个区间变成桁架 B。这两个桁架是静定的，对它们的内力可以很容易地进行手算分析。为便于比较，在图 2.6 中两个桁架对应的非零力杆件旁边标出了内力值。

桁架 A 和桁架 B 在加载位置的水平变形量可用式（2.16）计算，具体如下：

$$\Delta_A = \sum_{j=1}^{s} \frac{N_j^2 L_j}{EA} = \frac{L}{EA}[4 \times 1^2 + 2 \times 2^2 + 3^2 + 3 \times (\sqrt{2})^2 \times \sqrt{2}] =$$

$$\frac{L}{EA}(4 + 8 + 9 + 6\sqrt{2}) = \frac{(21 + 6\sqrt{2})L}{EA} \approx \frac{29.49L}{EA} \tag{2.31}$$

$$\Delta_B = \sum_{j=1}^{s} \frac{N_j^2 L_j}{EA} = \frac{L}{EA}[3 \times 1^2 + 3 \times (\sqrt{2})^2 \times \sqrt{2}] = \frac{(3 + 6\sqrt{2})L}{EA} \approx \frac{11.49L}{EA}$$

$$\tag{2.32}$$

这两个水平变形量的比是

$$\frac{\Delta_B}{\Delta_A} = \frac{11.49}{29.49} \approx 0.39 \tag{2.33}$$

在相同材料用量的情况下,桁架 B 水平变形量仅约为桁架 A 水平变形量的 39%。

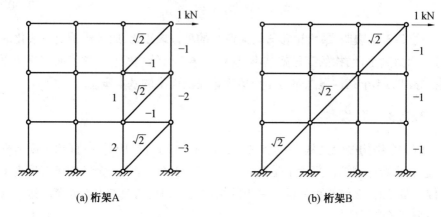

(a) 桁架A   (b) 桁架B

图 2.6   两个类似的三层三跨桁架①

用前 3 个结构概念可以直觉解读桁架 B 水平变形量远小于桁架 A 水平变形量的原因。能够从图 2.6 观察到:

①桁架 A 中有 10 根杆件有内力,而桁架 B 中有 6 根杆件有内力,表明桁架 B 比桁架 A 创造了更直接的将荷载传递到支座的传力路径(第一个结构概念),从而使水平变形量减小了 60% 以上。

②桁架 A 的最大内力为 3 kN,而桁架 B 的最大内力为 $\sqrt{2}$ kN,即桁架 B 比桁架 A 具有更小的结构内力(第二个结构概念)。

③在桁架 A 中,内力之间的最大差为 |3|−|1| = 2(kN),而在桁架 B 中,内力之间的最大差为 |$\sqrt{2}$|−|1| ≈ 0.414 (kN),这表明桁架 B 比桁架 A 具有更均匀的内力分布(第三个结构概念)。

从这个例子可以看出,前 3 个结构概念是可互换的。虽然这 3 个结构概念中的任何一个都可以用于支撑形式的设计,但对于这个特殊的例子来说,创造更直接的传力路径要比创造更小的结构内力或更均匀的内力分布更容易理解和实现。在其他情况下,使用第二个结构概念或第三个结构概念可能比使用第一个结构概念更方便。这种理解对于设计是有用的,因为可以采用不同的途径来实现更小的结构变形。

———————

①图中数据单位为 kN(译者注)。

2.7.4 兼容性

前 3 个结构概念可能不完全兼容或协调,因为它们是根据相同的方程式从不同的角度阐述的。一个更直接的传力路径要求更多的杆件处于零力状态,这可能导致某些杆件的内力更大;更均匀的内力分布可能意味着有更多的杆件来分担内力,从而使诸杆件的内力之间没有很大的差值。这种类型的不兼容性也可以通过一个例子来说明。

图 2.7 所示为两个尺寸相同的四层三跨相似桁架结构的内力比较。水平杆件和竖向杆件具有相同的长度 L,所有杆件具有相同的弹性模具 E 和截面面积 A。每个桁架有 32 根杆件,包括 4 根支撑杆件。这两个桁架之间唯一的区别是左下角支撑杆件的布置方向。

① 桁架 A:底部支撑杆件连接在节点 B 和节点 D 之间,并与上一层支撑杆件连接。

② 桁架 B:底部支撑杆件连接在节点 A 和节点 C 之间,并与上一层支撑杆件平行。

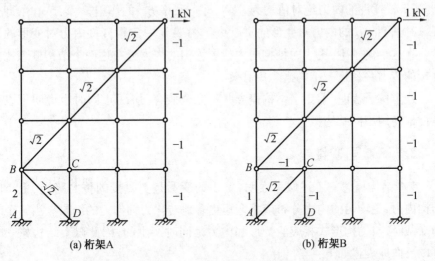

(a) 桁架A   (b) 桁架B

图 2.7 两个尺寸相同的四层三跨相似桁架结构的内力比较①

图 2.7 所示两个桁架是静定的,对它们的内力可以很容易地进行手算分析,非零内力值标示在图 2.7 对应的杆件旁边。从图 2.7 中可以看出,在桁架 A

———————

① 图中数据单位为 kN(译者注)。

中有9根杆件处于非零力状态,而在桁架B中有11根杆件处于非零力状态。这表明桁架A比桁架B中的内力路径更直接,然而,桁架B中的内力差值比桁架A中的内力差值更小,说明桁架B创造了更均匀的内力分布。哪个桁架的变形更小呢? 式(2.16) 可用来确定两个桁架的变形量,其内力比较如图2.7所示。

$$\Delta_A = \sum_{j=1}^{s} \frac{N_j^2 L_j}{EA} = \frac{1}{EA}[4 \times 1^2 + 2^2 + 4 \times (\sqrt{2})^2 \times \sqrt{2}] =$$

$$\frac{(8 + 8\sqrt{2})L}{EA} \approx \frac{19.31L}{EA} \tag{2.34}$$

$$\Delta_B = \sum_{j=1}^{s} \frac{N_j^2 L_j}{EA} = \frac{1}{EA}[7 \times 1^2 + 4 \times (\sqrt{2})^2 \times \sqrt{2}] = \frac{(7 + 8\sqrt{2})L}{EA} \approx \frac{18.31L}{EA}$$

$$\tag{2.35}$$

结果表明,桁架 B 的变形量小于桁架 A 的变形量,虽然其传力路径没有桁架 A 的传力路径直接(图2.7)。比较桁架 A 和桁架 B 杆件的内力,只有 *AB*、*BC* 和 *CD* 3 根杆件具有不同的内力,使得计算出的水平位移存在差异。对于桁架 A,杆件 *AB* 的内力为 2 kN,而其他两根杆件的内力为 0;而对于桁架 B,*AB*、*BC* 和 *CD* 3 根杆件的内力绝对值均为 1 kN。由于"平方"的作用,$2^2 > 3 \times 1^2$,即桁架 A 中杆件 *AB* 的内力对变形的贡献大于桁架 B 中 3 根杆件内力对变形的贡献。在这个例子中,更小的结构内力或更均匀的内力分布这两个结构概念比更直接的传力路径这一结构概念更有效。

这个例子表明,前 3 个结构概念并不完全兼容(协调),同时也说明可以创造性地使用不同结构概念。

2.7.5　可逆性

4 个结构概念的陈述似乎表明,更小的变形是更直接的传力路径、更小的结构内力、更均匀的内力分布或将弯矩更多地转化为轴向力的结果。当一个结构受载时,与结构形式相应的变形和内力是同时产生的,因此以上结构概念也可以反向地表述如下:

①　**结构的变形越小,传力路径就越直接。**

②　**结构的变形越小,结构内力就越小。**

③　**结构的变形越小,内力分布就越均匀。**

④　**结构的变形越小,弯矩转化为轴向力就越多。**

这些反向陈述表明,当结构的变形可以控制或减小时,内力就可以减小或更均匀地分布。在可能的情况下,控制或减小变形,为减小内力或将弯矩作用转变为轴向力作用提供了进一步的途径。反向陈述可以用一个例子来说明。

如图 2.8 所示,脚手架杆件形成简单的桁架来支承上面的楼板,从而有效地减小了楼板的变形。因此,楼板的部分内力通过桁架杆件传递到桁架的支座。这可以解释为将楼板中的部分弯矩转换为桁架杆件的轴向力。因此,楼板上的弯矩减小且分布更加均匀了。

图 2.8　楼板的附加支撑

2.7.6　相对性

这 4 个结构概念是以"……越……,……就越小"的形式表述的,这显然是在比较意义上的。换句话说,这 4 个结构概念提供了一种有效的方法来评估和比较两个或多个相似形式的结构的性能,其中任何一个结构概念都可以用来实现更小的结构变形。

比较两种结构形式的相对性能可能比检查它们的绝对性能更恰当。在结构分析中引入误差的原因很多,如建模不准确。更具体地说,连接可能既不是铰接的也不是刚接的,支座可能是铰接的或固定的,材料特性可能并不是它们的假定值。由于实际分析的是结构模型,而不是结构本身,因此在许多情况下不太可能实现对结构行为的准确预测。然而,两种相似结构模型的相对性将帮助消除结构分析和建模中的误差,并能更可靠地评估它们的不同性能。例如,图 2.6 所示的两个桁架包含相同程度的误差,可能是由假定的铰接边界条件以及杆件的弹性模量和截面面积的估计值产生的。计算的绝对变形量可能不准确,但两个计算的绝对变形量之比将可靠地表示两个桁架的相对性能。

因此,在评估两种或两种以上类似结构或结构形式的相对性能时,可能不需要精确的输入数据,即精确的截面的弹性模量、面积和面积二阶矩、荷载,其至是精确的结构尺寸。这有效地简化了分析,同时仍然把握住了问题的物理本质。例如,式(2.33)中两个桁架位移比是无量纲的,物理参数 E、A 和 L 以及假设产生的任何其他可能的误差在验证比较的比值中被抵消。对两种相似结构的相对性能进行分析是一种简便有效的方法。在以下的 4 章中,将定量研究多对相似结构的相对性能,在这些成对的相似结构中,一个结构包含相应的结构概念,另一个结构则不包含该结构概念。这样就能令人信服地说明使用这些结构概念的效果。

2.8　　实施途径

本章基于虚功原理直觉解读了 4 个结构概念,为其实施提供了一个良好的基础。这需要提出能够实现的物理措施,将考虑的结构概念纳入实际情况,以创造更有效和更高效的结构,如先前在图 1.3、图 2.6 和图 2.7 中给出的例子那样。

上文仅讨论了适用于整体结构的 4 个结构概念,但是基于这些概念可以开发出许多具体的物理措施。很多此类物理措施已经在实际中得到使用,以后也会创造出新的措施来应对具体的结构挑战。例如,提供支撑或支座是减小结构内力并以此减小结构变形的有效方法。图2.9所示的4种情况说明了为给结构提供支撑而采用的不同物理措施。

图2.9(a) 所示为用刚性支柱支承步行桥桥面。部分桥梁荷载通过支柱中的压力传递到基础。该支柱有效地减小了步行桥的内力和竖向变形。由于该支柱主要是受压且其轴向变形可以忽略不计,因此它可视为桥面的滑动铰支座。

图2.9(b) 展示了在两个相邻建筑物之间悬挂的四层连接结构,两个倒三角形桁架(连接结构的正反两面各一个) 在连接结构的底部中心提供了竖向变形约束。在连接结构的第三层和第四层之间的高度处,水平杆件的受压平衡了两根倾斜杆件中拉力的水平分量,拉力的竖向分量被传递到相邻的两个建筑物。该桁架结构的使用有效地在连接结构的中心位置提供了竖向支承,从而在连接结构中实现了较小的内力,减小了变形。这两个倒三角形桁架为连接结构有效地提供了竖向弹性支承。

图2.9(c) 展示了在历史建筑的水平方向上提供等效滑动铰支座的补救措施。可以观察到,结构的上部木质部分从支撑它的成型木柱位置向右滑移。为

(a) 支柱直接作为桥的刚性竖向约束

(b) 两个倒三角形桁架在连接结构的底部中心提供了竖向变形约束

钢筋

木杆

钢筋

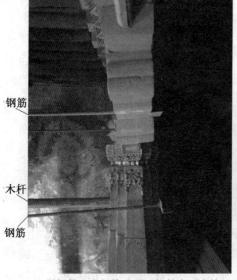

(c) 用钢筋和木杆构成对下柱的水平支撑

(d) 用钢筋张力形成对柱上端的水平向弹性约束

图 2.9 提供支撑的示例(图 2.9(c)由北京交通大学郭家臣先生提供)

了防止进一步的水平滑移和可能导致的局部破坏,采取了物理补救措施。将钢筋连接到结构的上部,以限制结构的上部在下部木柱上的进一步滑移。当限制进一步移动时,钢筋力将通过结构的上部和下部木柱之间的摩擦被传递到下部木柱,然后传递到下部木柱的支撑构件。在结构上部,钢筋的水平力趋于通过摩擦力向左拉动下柱。为防止下柱向左变形采取了进一步措施,相当于提供了对下柱的水平约束。采用两个子措施实施该约束:① 将一对钢筋放置在下部成型木柱周边(其中一根可在图 2.9(c) 中看到),这将防止木柱变形至其右侧。然而,钢筋只能承受拉力,过大的拉力会导致柱向左变形太多。换句话说,该钢筋的作用实际上与滚轴约束不同。② 为了补偿这种效果,在两根下柱之间放置较粗的木杆,以在与钢筋中的力相反的方向上提供力来防止下部木柱向左变形。钢筋和木杆的组合作用类似于在水平方向上的滚轴支座。

图 2.9(d) 展示了在骑士宫殿(Grand Master of the Knight of Rhodes) 中的柱的上端设置的两组相互垂直的水平钢筋。钢筋的另一端穿过房间墙壁固定。每一组钢筋作用在柱上的张力方向相反,这有效地限制了柱的水平变形,使它们更加稳定并补偿老化的效应。两对钢筋在两个相互垂直的水平方向上起到了滚轴约束的作用。在不影响展厅使用的情况下,该物理措施向柱端提供的额外支撑是简单和有效的。

图 2.9 所示 4 种情况显示了滑动支座或弹簧支座在结构中的不同实施方法:用一支撑杆件实现了竖向支座,用在两个相邻建筑物之间的连接结构底部处的倒三角形桁架实现了竖向弹性支座,由钢筋中张力和支撑木杆中压力的组合形成了水平方向的约束,以及作用在柱端、方向相反的钢筋张力起到了水平方向弹簧支座的作用。除上述示例外,还存在许多其他适应不同结构情况、用于实现滑动支座或弹性支座,以减小结构 / 杆件内力并因此减小结构变形的实施措施。

2.9　本章小结

结构的变形和内力在设计中可看作具有许多变化和不同组合的施加荷载的函数。难以考虑结构的变形和内力之间的一般特性。在本章中,将荷载简化为作用于结构临界点的单位荷载,该荷载表示所有荷载集中到临界点并归一化为单位荷载的最不利荷载状况。这避免了实际加载对结构的特定影响的研究,并能够揭示结构尽可能小的变形和期望内力分布之间的一般性,以定性它们之间的关系。

根据虚功原理,对 4 个结构概念进行了直觉解读。这些结构概念简单而通用,便于在桁架和框架类型结构中应用。由于这 4 个结构概念具有简单性和有效性,因此希望可将其作为经验法则在实践中得到广泛的应用。这 4 个结构概念各有其重点和特点,将在以下的 4 章中分别加以讨论。

由于这 4 个结构概念之间具有可互换性,应用了其中一个,即可看作是这 4 个结构概念中的一个或多个得以实现。 例如,图 2.9(b) 中的情况可以进一步解读:设置倒三角形桁架可以看作是第四个结构概念的一种实施方法,因为连接结构中的部分弯矩转换成了桁架杆件中的轴向力。或者,它可以被看作是第二个结构概念的实现,因为连接结构中的弯矩由于桁架的倾斜杆件所提供的向上的力而有效地减小。因此,接下来 4 章的重点将是创造性地使用结构概念,而不是对其应用的精确分类。

本章参考文献

[1] Gere, J. M. and Timoshenko, S. P. *Mechanics of Materials*, PWS - KENT Publishing Company,1990, ISBN: 0 - 534 - 92174 - 4.

[2] Graig, R. R. *Mechanics of Materials*, John Wiley & Sons, USA, 1996.

[3] Timoshenko, S. P. *History of Strength of Materials*, New York: McGraw-Hill Book Co. , 1953.

[4] Ji, T. Concepts for Designing Stiffer Structures, *The Structural Engineer*, 81(21), 36-42, 2013.

[5] Yu, X. *Improving the Efficiency of Structures Using Structural Concepts*, PhD Thesis, The University of Manchester, 2012.

[6] Ji, T. , Bell, A. J. and Ellis, B. R. *Understanding and Using Structural Concepts*, Second Edition, Taylor & Francis, USA, 2016.

[7] Huang, X. and Xie, Y. M. A Further Review of ESO Type Methods for Topology Optimisation, *Structural and Multidisciplinary Optimisation*, 41, 671-683, 2010.

第3章　更直接的传力路径

3.1　实施途径

在结构中适当使用支撑系统是创造更直接的传力路径的有效途径。支撑系统通常用于稳定结构、传递荷载和增加结构的横向刚度。它们在对横向荷载敏感的结构类型中的应用效果很理想,如高层建筑、大型临时看台和脚手架结构。

支撑系统提供了传力路径或荷载流的直接结构表达,以及横向荷载通过结构传递到其地基的路径。有几乎无限多的选择来布置支撑杆件,并且有大量的可能的支撑形式,这在现有的结构中得到了证明。设计支撑形式最有效的途径是什么?

一种有效的途径是遵循结构概念,即传力路径越直接,结构的变形就越小。为便于应用,根据这一结构概念和相应的结构直觉发展了 4 个支撑准则,目的是使作用在临界点的荷载到结构支座的传力路径更直接[1,2]。

准则 1:支撑杆件应从结构的底部到顶部层层设置。

准则 2:相邻层的支撑杆件应首尾连接。

准则 3:相邻层的支撑杆件应尽量以直线形式连接。

准则 4:在顶层相邻跨间的支撑杆件应尽量直接连接(该准则适用于水平向的跨数大于竖向层数的结构)。

准则 1 是显而易见的,由于多层结构的控制节点在结构的顶部,顶部的荷载必须传递给结构支座,因此支撑杆件应安排在结构的每一层。如果某一层中没有支撑杆件,这意味着传力路径被切断,力必须沿着另一条路径流动才能到达支座。换句话说,内力必须以一种更长或相对不太有效的方式传递到支座上。因此,这种结构可能会出现较大的变形。

准则 1 可以通过多种方式来实现,而准则 2 和准则 3 则建议采用更直接的传力路径。一旦支撑杆件与结构直接连接,内力就可以直接流过它们;一旦支撑杆件以直线连接方式与结构相连,内力可以更直接地流过它们。

前 3 个准则主要用于结构不同层的支撑布置,适用于层数大于跨数的高层建筑。对于其他类型的结构,如临时看台,其跨数通常大于层数,为了创造更直接的传力路径或更多的零力构件,准则 4 给出了布置不同跨间支撑杆件的方法。

支撑杆件也可用于创建可替代的、有时可能更长的传力路径,以帮助满足结构的功能要求并解决具有挑战性的技术问题。

3.2　手算示例

3.2.1　4 个支撑准则的效果

本节示例检验了布置支撑杆件的 4 个支撑准则对降低一简单桁架的内力和横向变形的有效性和高效性。

为了检验布置支撑杆件的 4 个支撑准则的有效性,创建了 4 个两层四跨铰接平面桁架,并使用 4 根支撑杆件。4 个桁架中各有 22 根杆件,包括 4 根支撑杆件。通过这 4 个桁架中的支撑杆件的特殊布置方式可确定 3.1 节给出的每个准则的有效性,如图 3.1(a) ~ (d) 所示,其特征可概括如下。

桁架 A:支撑杆件被布置成满足准则 1。

桁架 B:支撑杆件被布置成满足准则 1、准则 2。

桁架 C:支撑杆件被布置成满足准则 1 ~ 3。

桁架 D:支撑杆件的布置符合所有 4 个准则。

为了检验未按 4 个支撑准则布置的支撑杆件的效果,创建桁架 E,如图 3.1(e) 所示。

桁架 E:基于桁架 C,在地面和第一层之间增加了两根支撑杆件,它们的布置不遵循 4 个支撑准则中的任何一个。

所有桁架杆件具有相同的弹性模量 E 和截面面积 A,$EA = 1\ 000$ kN。竖向杆件和水平杆件具有相同的长度 $L = 1\ 000$ mm。将 0.2 kN 的集中水平荷载分别施加到桁架的 5 个顶部节点。计算 5 个桁架中各杆的内力和 5 个顶部节点在水平方向上的平均位移。

在确定横向变形和内力之前,可以依据经验识别处于零力状态的杆件。在不处于零力状态的杆件旁边绘制虚线,如图 3.1 所示,其表示将施加的荷载传递到桁架支座的内力路径。虚线越少意味着内力路径更直接和因此得到的横向变形越小。

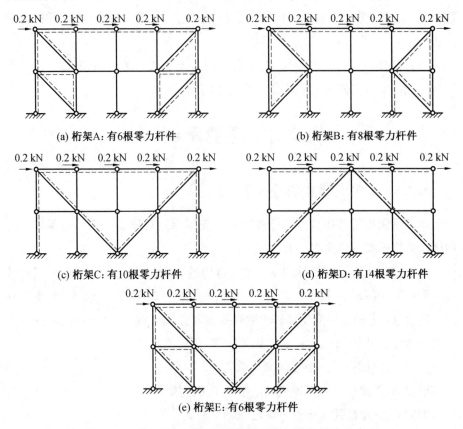

图 3.1 具有不同支撑布置和传力路径（虚线）的 5 个桁架

这 5 个桁架都是超静定结构，不宜通过简单手算来求解。然而，利用**对称结构在反对称荷载作用下只产生反对称响应的结构概念**，桁架 A ~ E 中心线上的两根竖向杆件必定处于零力状态，因此可以从桁架中移除以进行分析；此外，中心线上的节点没有竖向移动，可以用活动铰支座来表示。因此，5 个桁架都只需要分析其左半桁架，这时前 4 个左半桁架是静定的，适合手算，但桁架 E 的左半桁架仍然是超静定的，需使用计算机软件进行分析。图 3.2 给出了 5 个等效的左半桁架，其中计算的内力用 kN 计量，在它们的杆件旁边标出了内力数值。

5 个桁架的变形量可用式 (2.16) 计算。以图 3.2 中等效的桁架 A 为例，由式 (2.16) 得出：

$$\Delta_{ave} = \sum \frac{N_i^2 L_i}{EA_i} =$$

$$\frac{\left[0.1^2 + 0.3^2 + 0.5^2 \times 3 + 1^2 + (-0.707)^2 \times 1.41 \times 2\right] \times 2 \times 1\,000 \times 1\,000}{1\,000\,000} \approx$$

6. 52（mm）

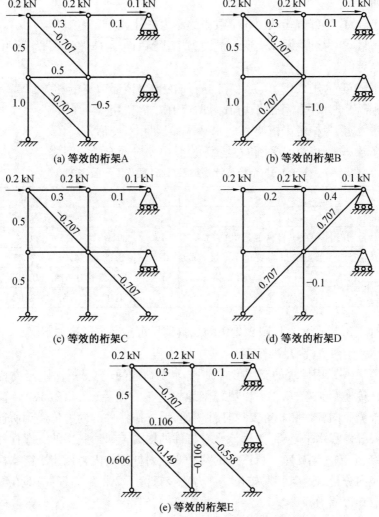

图 3.2　等效的桁架 A ~ E 左半桁架内力①

———————————

①图中数据单位为 kN(译者注)。

Δ_{ave} 是桁架顶部 5 个节点的平均横向变形量。由于右半桁架的内力贡献，中括号中的值增加了一倍。另一种表达是在左半桁架采用 $0.5\ kN \times \Delta_{ave}$ 并仅考虑左半桁架的内力。其他桁架的变形量可以用类似的方式计算。

为了了解和实现更直接的传力路径的 4 个支撑准则的效果，表 3.1 总结了根据图 3.1 和图 3.2 得到的 5 个桁架的 5 组计算结果。对按行列出的 5 组结果说明如下。

序号 ① 为可直接从图 3.1 数出的零力杆件数。

序号 ② 为可从图 3.2 所示的内力中找到的竖向杆件和水平杆件中内力的最大绝对值。

序号 ③ 为用式(2.16)计算的施加在 5 个顶部节点的相等荷载所产生的 5 个顶部节点水平位移的平均值，即平均横向变形量。

序号 ④ 为相对于桁架 A 的水平位移，即相对变形量。

序号 ⑤ 为相对水平刚度，是序号 ④ 中相对变形量的倒数。

表 3.1　5 个桁架计算结果总结(图 3.1 和图 3.2)①

序号	桁架	A	B	C	D	E
①	零力杆件数	6	8	10	14	6
②	竖向杆件和水平杆件的最大内力 /kN	1.0	1.0	0.5	0.4	0.6
③	5 个顶部节点的平均横向变形量 /mm	6.52	6.03	4.03	3.23	3.90
④	相对变形量	1.0	0.925	0.618	0.495	0.598
⑤	相对水平刚度	1.0	1.08	1.62	2.02	1.67

对表 3.1 及图 3.1、图 3.2 中的观察结果可进一步讨论如下。

(1) 桁架 A(满足准则 1)。

桁架 A 采用传统的支撑形式，顶部水平荷载通过支撑杆件、竖向杆件和水平杆件传递给支座，从中可以更仔细地检查传力路径(图 3.2(a))。荷载通过上部外侧竖向杆件和相邻支撑杆件传递，该支撑杆件的内力传递到所连接的下层竖向杆件和水平杆件，然后该水平杆件的内力传递给底层的支撑杆件和竖向杆件，最后传递到支座。所产生的两外侧竖向杆件的内力用于平衡支撑杆件内力的竖向分量。这条相对较长的内力路径只留下 2 根零力杆件，即在整个桁架中共有 6 根零力杆件。

(2) 桁架 B(满足准则 1、准则 2)。

从图 3.2(b) 可以看出，上层的支撑杆件中的内力直接传递到下层的支撑

---

① "零力杆件数" 单位为根；"竖向杆件和水平杆件的最大内力" 取小数点后 1 位数字(译者注)。

杆件和竖向杆件,而不通过下层顶部的水平杆件。桁架B提供比桁架A更短的传力路径,多了一根零力杆件,因此比桁架A具有更小的变形。

(3) 桁架C(满足准则1～3)。

图3.2(c)展示了更直接的传力路径,其中一个在桁架B底层的有最大内力的竖向杆件变成了零力杆件。和预期一样,更直接的传力路径产生了更小的变形。准则3不仅对产生更直接的传力路径有效,而且可以去除最大的内力,相比于桁架A和桁架B,有效地减小了变形。

(4) 桁架D(满足所有4个准则)。

在桁架C中,在支撑杆件参与的顶部节点处传递横向荷载,必然产生竖向杆件中的力,以平衡支撑杆件中的力的竖向分量(图3.2(c))。在桁架D中,中心对称的两根支撑杆件连接在中心节点处,其中一根杆件受压,另一根杆件受拉。从图3.1(d)和图3.2(d)可以看出,这些支撑杆件中力的水平分量平衡了外部横向荷载,而力的竖向分量是自平衡的。因此,几乎所有竖向杆件都处于零力状态,桁架D是前4个桁架中变形最小的。

(5) 桁架E(满足准则1～3并且具有不遵循任何准则的两根附加支撑杆件)。

将两根附加支撑杆件添加到桁架C中以形成桁架E,如图3.2(e)所示。桁架D和桁架E之间的比较表明,完全遵循所设准则布置支撑杆件比不完全遵循准则而布置更多支撑杆件有更小的变形。与桁架C相比,桁架E增加了两根杆件,就像预想那样,它比桁架C有更大的刚度。与桁架D相比,在桁架E中有一根支撑杆件的内力是0.558 kN,比桁架D中对应杆件的内力0.707 kN小;但多了4根杆件处于受力状态,其中最大内力值为0.606 kN。因此,使用比桁架D更多的支撑杆件的桁架E,反而变形更大。

从表3.1还可以看出,虽然基于更直接的传力路径这一结构概念提出了4个支撑准则,但是当内力较小并且(或者)更均匀地分布时,该结构就具有更小的变形和更大的刚度。这些示例很简单,支撑布置的变化也是有限的,但是它们确实证实了基于更直接的传力路径这一结构概念所发展的布置支撑杆件的准则的有效性和高效性。

3.2.2　一个简单框架的最有效和最低效的支撑形式

本节示例检验了四层四跨框架的数千种支撑形式来识别最有效和最低效的支撑形式。

图3.3显示了一个由16根水平杆件和20根竖向杆件组成的四跨四层铰接框架结构。在本例中,一块区格被定义为由两根水平杆件和两根竖向杆件包围

的区域。因此,图 3.3(a) 中的框架有 16 个区格。采用以下规则使用 8 根支撑杆件稳定和加强该框架:

　① 在每一层的 4 个区格中有 2 个支撑区格;

　② 每根支撑杆件有 2 种可能的倾斜方向(图 3.3(b))[3]。

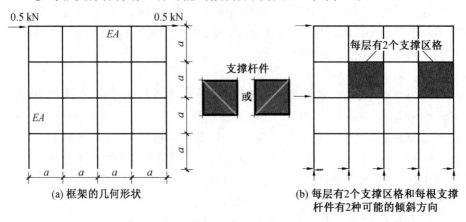

(a) 框架的几何形状　　　　　　　　(b) 每层有2个支撑区格和每根支撑
　　　　　　　　　　　　　　　　　　　杆件有2种可能的倾斜方向

图 3.3　四跨四层铰接框架结构①

从某层的 4 个区格中选择任意 2 个,每一层有 6 根选择支撑区格的方案(图 3.3(b)),即 $\dfrac{4!}{2!\,(4-2)!}=6$。对于每个支撑区格,支撑杆件有 2 种可能的倾斜方向。因此每层有 24 种支撑方案,即 $6 \times 2 \times 2 = 24$。总共 4 层,就有 $24^4 =$ 331 776 种可能的方案。当只考虑对称支撑布置时,可能的支撑形式的数量减少到 256 种,即 $(2 \times 2)^4 = 256$。

为了简化分析,考虑竖向杆件和水平杆件具有相同的长度,即 $a = b =$ 1 000 mm,所有杆件的截面面积 A 和弹性模量 E 相同且 $EA = 1\,000$ kN。一对值为 0.5 kN 的水平力反对称地施加在框架的两个顶角节点上。框架的横向刚度被定义为两个节点横向变形量平均值的倒数。现比较不同支撑形式下框架的最大水平位移和内力。

采用利用了 ANSYS 有限元分析方法的软件,计算了 331 776 种情况(含 256 种对称情况)下的最大横向变形量。将所有 331 776 种情况的最大水平位移从小到大排列,如图 1.3 和图 3.4(a) 所示,证明 X 形支撑框架在所有杆件截面相同时,在四跨四层正方形铰接框架结构中有最小的变形。

————————

①图 3.3(a) 中纵向的 a 即为 b,$a = b$(译者注)。

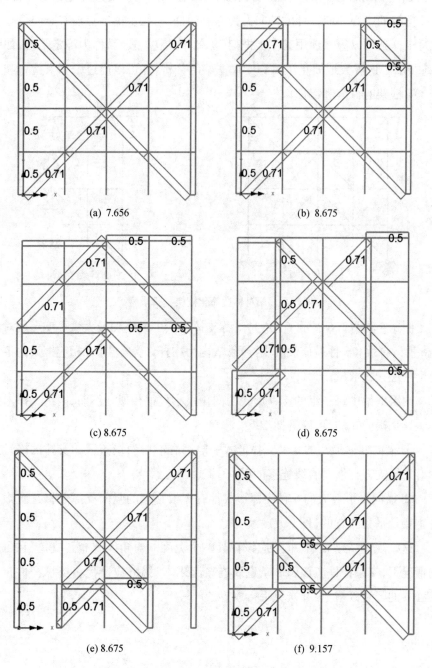

图 3.4　6 种最有效的支撑形式(内力(kN) 和最大变形量(mm))

　　由于当对称结构承受反对称荷载时,结构的内力和变形一定是反对称的,因此框架的中心竖向杆件的轴向力为零,并且中心线上的节点没有竖向位移。故每个框架可以等效地用其左半框架(等效半结构)表示,称为静定结构,如图3.5所示。这极大地简化了对称支撑框架的分析,并可以通过手算来检查和观察支撑框架的行为和特征。

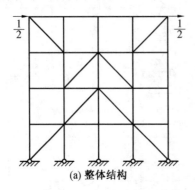 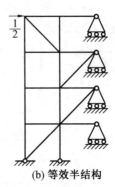

(a) 整体结构　　　　　　　　　　　　　(b) 等效半结构

图 3.5　　用对称性简化框架分析模型①

　　图3.4和图3.6展示了256种对称支撑形式中最小和最大水平变形所对应的6种最有效和6种最低效的支撑形式,内力在杆件旁标出,在相应框架的下方给出了最大变形量。

　　两组框架中每一组的支撑形式均变化很小且很相似。然而,两组支撑形式的差异是很明显的,可以概括如下:

　　① 横向变形最小的6种支撑形式一般都有沿对角线布置的支撑区格且至少有2根支撑杆件是直线连接的(图3.4)。

　　② 横向变形最大的6种支撑形式都有2根独立的竖向支撑区格且支撑杆件主要是平行布置的(图3.6)。

　　这些观察结果表明,框架应该在其整个宽度的对角线上布置支撑,在可能的情况下,支撑杆件应该以一条直线连接起来。另外,应避免将支撑杆件布置在独立的竖直区格上,并避免平行放置。

————————————

①图中数据单位为 kN(译者注)。

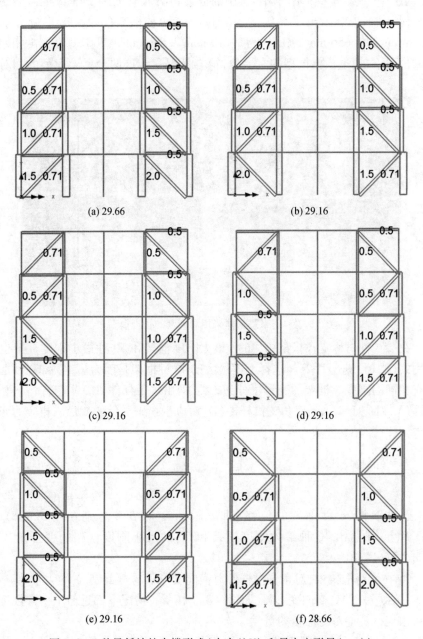

图 3.6　6 种最低效的支撑形式(内力(kN) 和最大变形量(mm))

　　图 3.7 显示了类似图 3.6(e) 中的框架和图 3.4(a) 中的框架的两个物理模型,其中 1.2 节给出了详细的手算过程。两种框架的最大变形量分别为 29.16 mm 和7.656 mm,刚度比为29.16 mm/7.656 mm ≈ 3.81。在刚度相差很大的情况下,通过横推模型的左上角,很容易感受到这两个框架模型的相对刚度。

图3.7　　用来感觉框架相对刚度的物理模型[4]

　　在 256 种对称支撑框架中,46 种最大刚度框架和 50 种最小刚度框架也可以用式(2.16)进行手算。选择刚度最大的 46 种框架是因为第 46 ~ 60 种框架具有相同的刚度。框架的变形可分为 3 类,即由水平杆件(H,对应于 δ_H)、竖向杆件(V,对应于 δ_V)和对角支撑杆件(D,对应于 δ_D)贡献的变形。相应的变形量可用式(2.16)表达为[3]

$$\delta = \delta_H + \delta_V + \delta_D = \sum_{i=1}^{44} \left(\frac{N_i^2 L_i}{EA} \right) = \left(\sum_{i=1}^{16} N_{H_i}^2 + \sum_{i=1}^{20} N_{V_i}^2 + \sqrt{2} \sum_{i=1}^{8} N_{D_i}^2 \right) \frac{a}{EA}$$

(3.1)

　　计算以上 96 种框架的位移(即 $\delta_H, \delta_V, \delta_D$ 和 δ),分别在图 3.8(a) 和图 3.8(b) 中给出 46 种最大刚度框架和 50 种最小刚度框架的变形量。从图 3.8 可以看出:

　　① 在所有框架中,对角支撑杆件对横向变形量的贡献(δ_D) 均为常数。

　　② 水平杆件对横向变形量的贡献(δ_H) 在所有情况下都近似于一常数且小于对角支撑杆件对变形量的贡献。

　　③ 对于46 种最大刚度框架,竖向杆件对横向变形量的贡献(δ_V) 变化并不显著且小于对角支撑杆件的贡献。

　　④ 对于50 种最小刚度框架,竖向杆件对横向变形量的贡献(δ_V) 变化很大且比对角支撑杆件的贡献大得多。

⑤ 对于 46 种最大刚度框架(图 3.8(a)),δ_H 和 δ_V 具有相近的大小。对于 50 种最小刚度框架(图 3.8(b)),δ_V 远大于 δ_H。

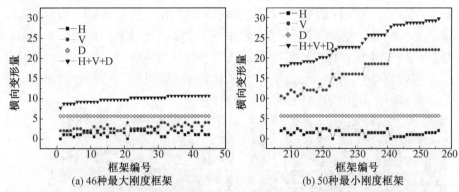

(a) 46种最大刚度框架　　　　　　　　(b) 50种最小刚度框架

图 3.8　竖向杆件、水平杆件和对角支撑杆件对横向变形量的贡献①

由于 δ_D 为常数,δ_H 在上述 96 种框架下变化不大(图 3.8),256 种框架的变形和相对变形基本上由 δ_V 控制,因此应避免产生较大的 δ_V 或竖向杆件内力值过大的支撑形式。换句话说,这 4 个准则为设计减小 δ_V,即减小由竖向杆件的内力所贡献的横向变形量为主的支撑形式,提供了实用的指南。

3.3　工程实例

3.3.1　高层建筑

高层建筑有不同的分类。一般认为,高度在 35 ~ 100 m 之间的多层建筑物是高层建筑;高度在 100 ~ 300 m 之间的建筑物称为摩天大楼;高度在 300 ~ 600 m 之间或更高的建筑物称为超高层;高度在 600 m 及以上的建筑物称为巨高结构。建筑物越高,越容易受风荷载的影响。因此,已经发展了不同的结构体系,如刚架体系、剪力墙体系以及包括框筒、成束筒和筒中筒体系在内的筒体系统,用来处理高度问题。

3.1 节所介绍的支撑准则可用于检验一些已经采用支撑系统的高层建筑是否有效和高效,其中包括支撑框筒体系和成束筒体系。

1. 芝加哥约翰·汉考克大厦(John Hancock Center)
约翰·汉考克大厦有 100 层,高 344 m,位于有"风城"别称的芝加哥。这座

---

①纵轴单位为 mm(译者注)。

大厦建于 1969 年, 当时计算机在建筑设计中还很少使用。从建筑物的实景
(图 3.9) 可以看出, 宽大的底面给建筑物提供了更好的结构稳定性, 并且建筑
物横截面沿着高度逐渐变窄, 有效地减小了横向风力。结构工程师 Fazlur
Khan 和他的合作者提出了一种外部支撑框筒体系。在大楼四周的每一侧都使
用了 5.5 个巨大的 X 形支撑系统, 每个 X 形支撑系统横跨 18 层。水平杆件被放
置在支撑杆件的连接处。该设计增加了对周边框架的整体 X 形支撑, 以增加结
构的横向刚度, 其结构性能优越于常见的钢框筒。

(a) 建筑物的实景　　　　　　　　　　(b) 建筑物的近景

图 3.9　芝加哥约翰·汉考克大厦使用的支撑系统符合前 3 个准则①

(图 3.9(a) 经德国的 Nicolas Janberg 先生允许, 引自 structurae. net)

从图 3.9 可以看出, 外部框架柱、整体布置的交叉支撑和梁形成了巨大的
外部设有支撑的框筒, 其对于抵抗横向荷载是非常有效的。筒体的结构表达和
其有效的抗侧力系统达到高度的协调。使用该巨大的交叉支撑系统[5,6] 相较
使用传统钢结构大约节省了 1 500 万美元。它被认为是一种非常经济的设计,
达到了使建筑物稳定所要求的刚度。这种成功的原因之一是通过使用交叉支
撑实现了结构所需的横向刚度。

①从图 3.9(b) 可看到底层的 X 形支撑系统(译者注)。

约翰·汉考克大厦结构的有效性和高效性也可以用其他方式加以解释。例如,"这种形式在约翰·汉考克大厦中特别有效,因为对角支撑将原本间隔很宽的柱子连接在一起,从而使竖向力均匀地分布在它们之间"[7]。不清楚 Fazlur Khan 和他的合作者是如何产生使用巨大交叉支撑的想法的,但是这个巧妙的想法可以用 3.1 节中的支撑准则来解释。从图 3.9 中可以看出,建筑物的整体 X 形支撑完美地符合前 3 个准则(从建筑物顶部到底部布置支撑杆件,在可能的情况下将支撑连接,并连接成直线),这是对更直接的传力路径这一结构概念的一种实施。因此可以说,使用巨大的交叉支撑创造了更直接的传力路径,形成了更大的横向刚度,从而减小了结构在风荷载作用下的变形。

类似的巨大的整体 X 形支撑可以在其他著名的建筑物中看到 —— 像约翰·汉考克大厦的整体 X 形钢支撑系统那样,整体混凝土 X 形支撑也在芝加哥的 60 层 Onterie 中心使用。这些整体混凝土 X 形支撑是通过创建一系列沿建筑物外部对角线的填充实体的窗口来实现的,如图 3.10(a) 所示。从图 3.10(a) 可以看出,一侧有效的"支撑杆件"满足 3.1 节中的前 3 个准则,而在相邻的一侧,它们则满足前 2 个准则。基于从 3.2.2 节示例中所得到的结论,可以推断在图 3.10(a) 右侧的有效 X 形支撑所贡献的刚度会远大于其相邻侧的蛇形支撑所贡献的刚度。

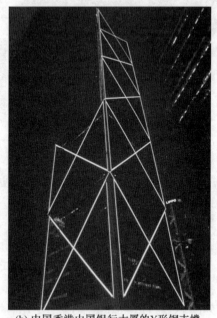

(a) 芝加哥Onterie中心的整体混凝土X形支撑　　　(b) 中国香港中国银行大厦的X形钢支撑

图 3.10　不使用横梁的有 X 形支撑的建筑物

(图 3.10(a) 经德国的 Nicolas Janberg 先生允许,引自 structurae.net)

中国香港中国银行大厦使用了类似的整体 X 形支撑系统(为 X 形钢支撑),该建筑也被视为一种高效而美观的设计。沿着支撑和柱放置的灯似乎照亮了建筑物的内力路径,如图 3.10(b) 所示。

2. 伦敦兰特荷大厦(Leadenhall Building)

位于伦敦市中心的兰特荷大厦是一座 224 m 高的商业办公大楼。因为它具有独特的倾斜角度和钢斜肋结构,通常被称为"芝士刨"[8]。X 形支撑系统(如约翰·汉考克大厦)与斜肋结构之间的主要区别是,在斜肋建筑物中没有柱或竖向杆件。图 3.11 为该建筑物的正视图①和侧视图。

(a) 正视图　　　　　　　　　　　　(b) 侧视图

图 3.11　伦敦兰特荷大厦

为了最大化内部布置的灵活性,周边巨型框架用于在建筑物的 4 个侧面形成封闭的支撑筒,如图 3.12 所示。可以看到,巨型框架具有变化的几何形式。图 3.11(a) 和图 3.12(a) 展示了斜肋结构,而建筑物的另 3 个侧面中的框架实际上是支撑框架。南面框架由菱形对角杆件组成,该对角杆件竖向延伸在梁之间,高达 28.0 m,水平延伸在巨型节点之间,宽 16 m。东/西面框架在每一个 28.0 m 高度区间,由中心间距为 10.5 m 的柱子相连于对角支撑杆件和梁,形成如图 3.11(b) 和图 3.12(b) 所示的不对称几何形状。

————————

①正视图即指南面视图(译者注)。

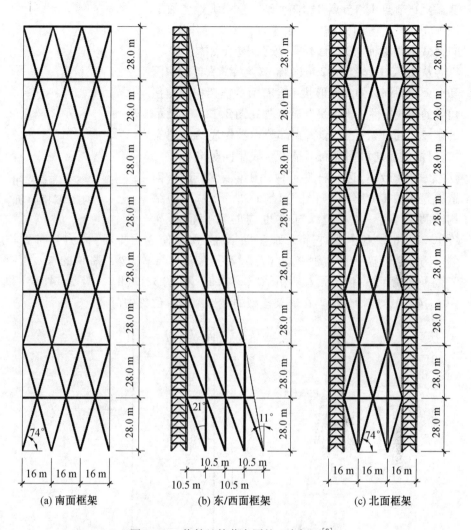

图 3.12　伦敦兰特荷大厦的 4 个侧面[9]

　　斜肋杆件作为对角杆件,提供了更直接的传递横向荷载的路径,主要通过杆件的轴向力(而不是弯矩)将横向荷载传递至结构支座(倾斜杆件传递横向荷载的效率可从 6.2.2 节的手算示例中看到),因此斜肋结构用于抗侧力是非常有效的。然而,与常规柱相比,斜肋在传递竖向荷载方面似乎不那么有效。巨型节点之间的水平杆件弥补了这一弱点。

　　如图 3.13 所示,研究一个受竖向荷载作用的典型斜肋单元,可以看到竖向荷载会使节点 A 和节点 B 相向变形,而节点 C 和节点 D 则会相背变形。位于中心位置的水平杆件 CD 将节点 C 和节点 D 连接起来,可以防止它们的相背变形,

从而阻止节点 A 和节点 B 相向变形。这极大地增强了
该单元在竖直方向的刚度。由于杆件 CD 的作用,竖
向荷载主要由轴向力,而不是弯矩传递给支撑杆件。

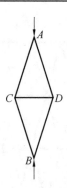

　　从图 3.11 和图 3.12 可以看出,兰特荷大厦的南面
和东/西面框架的几何形状不含有两个框架相交的拐
角处的承载杆件。当水平荷载施加在图 3.12(b) 所示
的东/西面框架平面上时,大部分力被传递给倾斜支
撑杆件,然后通过拐弯而不是沿直线流向竖向杆件。
仅考虑结构效率,边缘杆件可以用于框架中,这将创
造更直接的传力路径,如图 3.14(a) 所示,从而使结
构刚度增大。 这一边缘杆件也同时对南面框架

图 3.13　受竖向荷载作用
的典型斜肋单元

(图 3.14(b)) 有作用,它将形成斜肋框架,这会使内力更小,内力分布更均
匀。为了验证这一直觉理解,建立了没有边缘杆件与增加边缘杆件的东/西面
和南面框架的有限元模型 (图 3.12(a) 和图 3.12(b) 、图 3.14(a) 和
图 3.14(b)) 进行分析。在框架模型的顶部施加单位集中荷载。

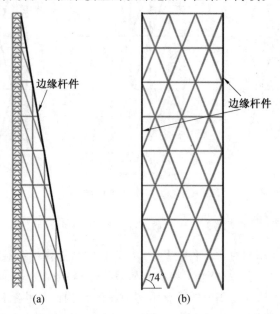

图 3.14　增加边缘杆件的东/西面和南面框架①

_____

①图 3.14(a) 为东/西面框架;图 3.14(b) 为南面框架(译者注)。

荷载施加点处的横向变形量的倒数为框架模型的横向静刚度。如果在此示例中,将结构的效率(e)定义为框架模型的横向静刚度(K)与用材总质量(M)的比值,则确定南／东／西面框架模型的效率公式如下:

$$e = \frac{K}{M} \tag{3.2}$$

该效率的物理意义是单位结构质量所贡献的横向静刚度。为消除所涉及的建模误差,有边缘杆件的模型效率(e_{W})与没有边缘杆件的模型效率(e_{WO})的效率比定义为

$$R = \frac{e_{\mathrm{W}}}{e_{\mathrm{WO}}} \tag{3.3}$$

结果表明,南面框架模型的效率比为 1.72,东／西面框架模型的效率比为 1.24,表明加入边缘杆件的框架具有更高的效率。这种比较只检验框架的效率,而不考虑任何其他设计要求。

3.3.2　临时看台

修建临时性建筑是满足临时目的的理想化临时解决方案。临时看台经常用于室内和室外活动,如网球比赛,其观众通常坐着不活动;流行音乐会,其观众可以积极地跟随音乐节拍摆动。临时看台的设计是为了简便和迅速地建立和拆除,通常是具有临时支撑的轻型建筑,它们对动态荷载相对敏感。与永久性看台不同,临时看台通常由许多竖向杆件支撑,因此结构的竖向刚度并不是设计关注点。但临时看台必须具有足够的横向和纵向刚度,以抵抗由风和观众活动所引起的水平荷载[10]。支撑杆件通常用来加固临时看台,使其具有足够的刚度。

在发生几起事故后,临时看台的结构安全被认为是一个重要问题,最严重的是 1992 年 5 月在科西嘉发生的临时看台后部倒塌事故。英国建筑研究院在随后的几年内测试了 15 种不同类型的 50 个可拆卸看台[11]。看台的座位为 243 ~ 3 500 个不等。只有一个看台的竖向固有频率为 7.9 Hz(低于 8.4 Hz),表明不用考虑由人引起的结构竖向振动。然而,两个水平方向的固有频率都很低。表 3.2 总结了固有频率在纵向和前后向两个水平方向的分布情况。

相对较低的固有频率表明,结构在水平方向上的刚度相对较低。临时看台的结构特征可从测试的许多结构中观察到:

① 这些临时看台通常采用细长圆形钢管组装,钢管具有相同的截面,其惯

性矩较小,且竖向杆件和水平杆件之间的连接更接近铰接,而不是刚性连接。因此,由水平杆件和竖向杆件构成的框架具有很低的横向刚度,框架的作用很小。

② 这些临时看台的竖向杆件被直接安放于地面。这样的支承条件被认为是铰支座。

③ 这些临时看台的大小和高度各不相同。

④ 在大多数结构中提供了倾斜支撑杆件,其支撑形式有多种变化。

表3.2 临时看台的主要水平固有频率[10]①

固有频率/Hz	看台数／个	
	纵向	前后向
低于3.0	15	10
3.0～3.9	17	13
4.0～4.9	13	9
5.0或更大	5	18

前两个观察结果在大多数临时看台上是常见的,并不是造成两个水平方向上固有频率低的主要因素,而在较高的临时看台上会有更低的固有频率。对水平方向具有较低固有频率(或刚度)的直觉理解是采用了较低效的支撑布置系统。这些现场试验和观察产生了关于临时看台有效支撑系统的研究,发展了合理布置支撑杆件的概念和准则[1]。

1. 法国科西嘉—临时看台倒塌事故

1992年5月5日,法国科西嘉巴斯蒂亚的福里亚尼体育场(Furiani Stadium)临时看台倒塌,造成18人死亡、2 300人受伤。在那一天,法国杯半决赛巴斯蒂亚面对马赛,这是法国足球联盟(FFF)组织的主要淘汰比赛。为了容纳数量很多的观众,在现有的临时看台后部增加了一个看台,以增加50%的座位。地方当局不加限制地批准了该项目。这导致了在比赛开始前不久,新增加的后部看台在20:20坍塌。对这场事故调查后得出结论,该临时看台有多处违反建造临时看台相关规定的情况。

---

① "3.0～3.9"含义为介于3与4之间;"4.0～4.9"含义为介于4与5之间(译者注)。

图 3.15 所示为该看台的横断面,其前部和后部位于南北方向。前半部分有 6 跨,每跨 3 m,共 18 m;增加的后部看台有 4 跨,每跨 3 m,共 12 m。看台最高高度约 11 m。根据图 3.15 中的信息,现在可以用支撑准则来检验临时看台(后部)的传力路径。

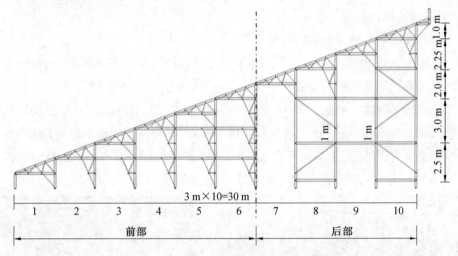

图 3.15　法国科西嘉临时倒塌看台的横断面

① 第 9 跨并无倾斜支撑杆件,并且两根水平杆件和座椅平台仅连接第 8 跨和第 10 跨,未将该跨的横向刚度贡献至后部看台。如果第 8 跨和第 10 跨的座椅平台之间没有连接,则后部看台的横向刚度将是两个独立的第 8 跨和第 10 跨的刚度之和,而不是整个后部看台的刚度。

② 看台前后两部分之间存在薄弱连接,即第 6 跨和第 7 跨之间的点连接。前部看台似乎是用标准单元组装的,比后部看台刚度大得多。然而,这一有利之处没有得到充分利用,使较高的后部看台没有足够的支撑。如果把倾斜支撑杆件安排在第 7 跨,将看台的两个部分联合起来,后部看台刚度就会有效地加强,就有可能避免坍塌的发生。

③ 在第 8 跨和第 10 跨中倾斜支撑杆件的两端与水平杆件和竖向杆件的交点之间存在多达 1 m 的偏心,跨中倾斜支撑杆件的内力传递给所连接的竖向杆件,然后细长的竖向杆件必须通过弯矩才能将偏心力传递到交叉点。

通过这些观察和定性解释,可以看出后部看台在横向上的固有频率和刚度都很低,因而容易受到人为动荷载的影响。对薄弱点进行识别可有效提供改进看台的途径,使其在横向上具有更大的刚度:

①　在第9跨中提供倾斜支撑杆件,使第8、9跨和第10跨能以整体工作。

②　在第7跨中提供倾斜支撑杆件和水平支撑杆件,使看台的前后两部分得以整体工作。

③　在第8跨和第10跨,将支撑杆件放置在竖向支撑杆件和水平支撑杆件的连接处,使传力路径更直接。

2. 英国伊斯特本—临时看台

图3.16为1992年6月在英国伊斯特本举行的国际女子网球锦标赛临时看台的后视图和侧视图。该临时看台由38个构架组成,并使用专门制造的脚手架系统拼装搭建在一起。8根竖向杆件将每个构架承载在木制基座上的可调节支座上。该临时看台可以容纳2 700人,有28排座椅,每排最多100个座位。支架结构长度从前到后约为23.2 m,支架前部高2.5 m,支架后部高10.6 m。看台的长度约为60 m。

　　　　　(a) 后视图　　　　　　　　　　　　　(b) 侧视图

图3.16　英国伊斯特本—临时看台

从图3.16可以看出看台背面和侧面的支撑杆件的布置形式。看台的后部框架有25跨,如图3.17(a)所示,在每一个奇数跨从底部到顶部每层都布有支撑杆件,在每一个偶数跨的第二层也布有支撑杆件。在被测试的50个临时看台中,这是最好的支撑形式[10]。

然而,该临时看台在纵向上的振动是一个主要问题。振动试验表明,该临时看台在纵向上的固有频率从空座时的2.7 Hz降到几乎满座时的1.7 Hz。

从图3.17(a)中可以看出,支撑杆件从看台底部到顶部层层布置,满足支撑准则1,其中一些支撑杆件在前三层间呈直线连接。然而,直线上的连杆并没有覆盖看台的整个高度,也没有支撑杆件在结构的顶部相连接。为了满足所有4个支撑准则,可以重新设计支撑框架,如图3.17(b)所示。如果不考虑任何其他因素,比如安全、经济和结构美观,那么按4个支撑准则重新设计就很简

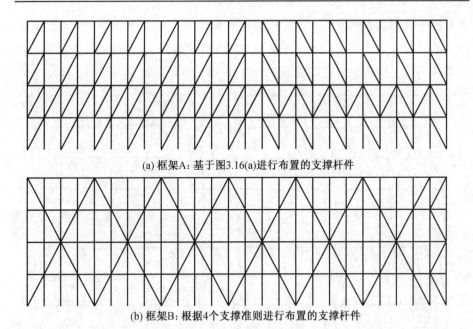

(a) 框架A: 基于图3.16(a)进行布置的支撑杆件

(b) 框架B: 根据4个支撑准则进行布置的支撑杆件

图 3.17　支撑框架的设计

单了。为了比较两种支撑框架在搭建临时看台上的有效性和高效性,进行了计算机分析。表3.3为框架 A 和框架 B 横向刚度、基本固有频率和使用的支撑杆件数目的比较。

表3.3　框架 A 和框架 B 横向刚度、基本固有频率和使用的支撑杆件数目的比较

项目	横向刚度	基本固有频率	支撑杆件数目
框架 A:采用原支撑形式(图 3.17(a))	3.16 MN/m	1.96 Hz	64 个
框架 B:采用改进支撑形式(图 3.17(b))	8.96 MN/m	3.31 Hz	52 个
比值(框架 B/ 框架 A)	2.84	1.69	0.81

　　表3.3 中的比较表明,采用改进支撑形式的框架 B 的抗侧移刚度(横向刚度)比采用原支撑形式的框架 A 的抗侧移刚度要大得多,比值为2.84。横向刚度与固有频率平方成正比时,两框架的基频(基本固有频率)比为1.69。横向刚度的显著增加是由于改进的支撑框架提供了更直接的传力路径,如3.1节和3.2节所述。在材料消耗方面,框架 B 使用的支撑杆件比框架 A 使用的支撑杆件少19%。

　　图 3.18 比较了两个框架的基本振动模态形状,其中最大变形量被归一化

为相同的值。其表明改进支撑形式的框架 B 产生了整体变形，而采用原始支撑形式的框架 A 在顶部节点处产生整体变形和许多局部变形，这进一步证明了改进支撑形式的框架在搭建临时看台上的有效性和高效性。

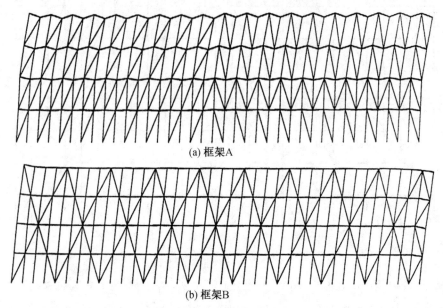

(a) 框架A

(b) 框架B

图 3.18　　两个框架基本振动模态形状的比较

表 3.3 表明，采用基于 4 个支撑准则的改进支撑形式的框架 B 更有效（更大的横向刚度可以减小挠度）、更高效（使用更少的支撑杆件）。在比较图 3.17 中这两个框架的外观时可以发现，按照支撑准则布置的框架 B 比采用原始支撑形式的框架 A 更为美观。

3. 两个其他例子

图 3.19(a) 显示了在英国银石举行的跑车大奖赛的临时看台。可以从看台的后部观察到，看台没有使用任何支撑杆件，这会导致横向刚度很低。幸运的是，观看赛车的观众是坐着的，该临时看台在赛车赛事中没有发生事故。然而，这种临时看台不能用于流行音乐会或足球比赛这种会使临时看台受到人活动所产生的动荷载影响的场景中，人活动可能在看台的横向或前后方向上引起共振。

图 3.19(b) 显示了一个用标准单元组装而成的临时看台，这些单元用看台顶部的相对重和坚硬的座板连接。使用这种看台的好处是建设迅速和容易。但其缺点是横向固有频率偏低。为了便于理解，将临时看台简化成一个简单的平面模型，如图 3.20 所示。

(a) 没有使用支撑杆件　　　　　　　　　　　(b) 使用标准单元组装

图 3.19　两个临时看台的支撑形式

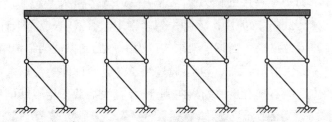

图 3.20　类似图 3.19(b) 中看台的平面模型

由 4 个等距的平面单元组成的平面模型,其单元之间的距离和单元跨距相同,这些单元通过一个刚性的板将它们的顶部连接。如果在模型中增加一个新的单元,就相应增加了两跨的顶部质量。假设每个单元的横向刚度为 k,顶部集中质量为 m,平面模型的横向刚度为 $4k$,模型顶部的总质量为 $(2 \times 4 - 1)m = 7m$,即 4 个单元的刚度之和与七跨的质量之和。如果临时看台(图 3.19(b))由 n 个单元组成,每个单元的横向刚度和质量分别为 k 和 m,则看台的横向刚度为 nk,顶部的总质量为 $(2n - 1)m$,整个看台的横向固有频率 f_w 将接近具有两跨质量的典型单元的频率 f_u,即

$$f_w = \frac{1}{2\pi}\sqrt{\frac{nk}{(2n-1)m}} \approx \frac{1}{2\pi}\sqrt{\frac{k}{2m}} = f_u \tag{3.4}$$

式(3.4) 表明,当为临时看台增加单元时,其横向固有频率基本不会增加,这是因为看台的质量与刚度按同一比例增加。

3.3.3　脚手架结构

脚手架结构是临时性结构,主要用于在住房和其他结构的建造或翻新期间提供临时通道。脚手架结构的设计具有一些在其他结构设计中可以忽略的限

制。例如,脚手架结构必须容易组装和拆开,部件也应该相对较轻,以便于装卸。脚手架结构通常采用简单的单元和细长的杆件。其连接、支撑形式和荷载路径的设计并不总是适当的。许多工程都需要非常大的脚手架结构,这些结构必须具有足够的横向刚度,以确保所有作用在其上的荷载都能安全地传递到它们的支座上。虽然脚手架结构轻,又是临时性的,但其设计应引起重视。更直接的传力路径这一结构概念和 4 个支撑准则也适用于脚手架结构。

1. 曼彻斯特某脚手架坍塌事故

图 3.21 所示的曼彻斯特某脚手架结构于 1993 年[12] 倒塌,但相关方没有给出具体解释。利用更直接的传力路径这一结构概念和从 3.2 节的示例中得到的结论,可以找出事故的原因。该脚手架结构中没有倾斜(支撑)杆件,即没有提供更直接的传力路径。当脚手架结构成为一种无支撑框架结构时,作用在结构上的横向荷载(如风荷载)不得不通过细长的竖向杆件的弯矩来传递至结构支座。因此该结构不具有足够的横向刚度,仅在风荷载作用下就倒塌了。

图 3.21　脚手架结构倒塌(由 John Anderson 先生提供)

2. 缺乏直接传力路径

为了方便脚手架结构的安装,可使用标准的专有单元。如图 3.22(a) 所示,脚手架结构中使用的专有单元包括两根水平杆件、两根竖向杆件和两根短对角支撑杆件。该单元用于将施加于顶部水平杆件的竖向荷载传送到竖向杆件,它相当于整个脚手架结构中的一根厚梁。该脚手架实际上是由一深梁和细长柱组成的结构。结构中使用的对角支撑杆件并不提供将结构的横向荷载从上到下传递的受力路径,也没遵循布置支撑杆件的准则。因此,可以判断该脚手架结构具有较低的横向刚度。

图3.22(b)展示了另一个示例,脚手架结构以框架结构的形式工作,具有强梁(即桁架)和弱柱。在入口处放置竖向杆件是不方便的,入口上方的第一榀桁架支撑着上面的两根竖向杆件。脚手架结构主要通过竖直细长杆件的弯矩,而不是轴向力,来抵抗和传递横向荷载。此外,细长的竖向杆件对于传递弯矩并不理想。根据4个支撑准则,该脚手架结构缺乏自上而下的传力路径,没有建立直接的传力路径。因此可以得出结论:该脚手架结构也具有较低的横向刚度。

(a)　　　　　　　　　　　　(b)

图3.22　由专有单元组装但缺乏直接传力路径的脚手架结构

3.4　进一步讨论

更直接的传力路径这一结构概念可通过高层建筑、临时看台和脚手架结构的适当支撑形式来实现。手算示例和实际情况表明,使用结构概念或支撑准则可以使结构刚度更大(变形更小)、更高效,也可能更美观。还有其他的措施有待探索,这些措施可以从现有结构中观察到,或从结构概念本身得到发展。

设计合理的传力路径或荷载路径可以解决实际的和具有挑战性的结构问题,这可以从实例中观察到。在伦敦坎农街地铁站的入口处有这样一个例子:上面的8层悬臂结构离建筑物支座有一段距离,如图3.23所示。悬臂结构建的荷载是如何传递到建筑物支座上的？为了理解荷载路径,可以绘制一个简单的示意图进行定性分析,其目的是抓住荷载路径的物理本质,可忽略一些不太重要的细节。图3.24显示了基于图3.23所示建筑建立的侧面模型,其作用就像一个桁架结构。

(a) 8层悬臂结构由巨型支撑系统支承 　　(b) 支撑构件显示通往基础的传力路径

图3.23　位于伦敦坎农街地铁站入口的建筑物

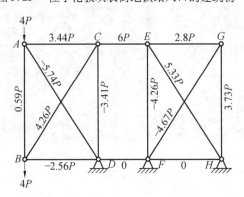

图3.24　桁架系统的传力路径和内力估算

为了估计支撑系统的性能,假设单元 $ABDC$ 的高宽比为4/3。将悬臂部分 $ABDC$ 的荷载和自重近似地替换为竖向荷载 $4P$,分别施加于节点 A 和节点 B(图3.24)。内力的数值标注在相应的杆件附近,正号表示拉力,负号表示压力。对所讨论的结构,支撑杆件提供了清晰和理想的内力传力路径,将荷载传递至支座[1]。

---

①节点 D 处支座承受了 $8P$ 的竖向荷载,杆件 CE 有 $6P$ 的内力以保证 $ABDC$ 不会倾覆。杆件 CE 作用在 $EGHF$ 上的 $6P$ 力由 $EGHF$ 中的5根杆件再传递到节点 F 和节点 H 处的支座上(译者注)。

本章参考文献

［1］Ji, T. and Ellis, B. R. Effective Bracing Systems for Temporary Grandstands, *The Structural Engineer*, 75(6), 95-100, 1997.

［2］Ji, T. Concepts for Designing Stiffer Structures, *The Structural Engineer*, 81(21), 36-42, 2003.

［3］Yu, X., Ji, T. and Zheng, T. Relationships Between Internal Forces, Bracing Patterns and Lateral Stiffness of a Simple Frame, *Engineering Structures*, 89, 147-161, 2015.

［4］Roohi, R. *Analysis*, *Testing and Model Demonstration of Efficiency of Different Bracing Arrangements*, Investigative Project Report, UMIST, 1998.

［5］Parkyn, N. *Super Structures：The World's Greatest Modern Structures*, Merrell, 2004.

［6］Bennett, D. *Skyscrapers—Form & Function*, Simon & Schuster, 1995.

［7］Billington, D. P. *The Tower and the Bridge*, Princeton University Press, Princeton, 1985.

［8］Eley, D. and Annereau, N. The Structural Engineering of the Leadenhall Building, London, *The Structural Engineer*, 96(4), 10-20, 2018.

［9］Saeed, M. *Parametric Study on the Diagrid Frame of the Leadenhall Building & Topology Optimisation of Bracing Systems*, MSc Dissertation, The University of Manchester, 2018.

［10］Institution of Structural Engineers. *Temporary Demountable Structures：Guidance on Procurement, Design and Use*, Third Edition, Institution of Structural Engineers London, 2007.

［11］Ellis, B. R., Ji, T. and Littler, J. The Response of Grandstands to Dynamic Crowd Loads, *Structures and Buildings,the Proceedings of Civil Engineers*, 140 (4), 355-365, 2000.

［12］Anderson, J. Teaching Health and Safety at University, Proceedings of the Institution of Civil Engineers, *Journal of Civil Engineering*, 114(2), 98-99, 1996.

第 4 章　　更小的结构内力

4.1　　实施途径

有以下几种途径可减小结构内力,且这些途径是直观的。这为提出和发展具体的实施途径提供了基础,利于实现更小的结构内力。

1. 减小跨度

由于挠度与跨度的四次方成正比,尽可能减小跨度是实现较小挠度的最有效方法。例如,如果梁的跨度减半,最大挠度将是原来的 1/16;最大弯矩也将减小,变为原来的 1/4。

2. 局部自平衡内力

虽然不能实现内力的完全自平衡,但可能实现局部自平衡。大弯矩的减小可以通过产生局部自平衡的系统来实现,其中新产生的正(负)弯矩抵消了原有的负(正)弯矩的一部分。为了做到这一点,设计者需要知道大弯矩发生的位置及其方向,并且更重要的是需要开发适当的物理措施来引入新的弯矩。可用于实现局部自平衡内力的一些措施是:

① 使用预应力或后加应力技术产生与由荷载引起的弯矩或变形相反方向的作用。

② 在结构中添加结构元件,可以限制一些变形和／或产生与由荷载引起的相反方向作用的弯矩。

③ 重新分配内力以助于减小大弯矩。

3. 提供弹性支承

由于功能、结构或美学要求,提供刚性支座以减小变形可能难以在实践中实现。然而,提供弹性支承可能是可行的解决方案。有两种类型的弹性支承:外部弹性支承和内部弹性支承。

① 外部弹性支承:当弹性支承被切断时,暴露一对作用力和反作用力,大小相等,方向相反。如果其中一个力作用在结构上,而另一个力没有作用在该

结构上,则为外部弹性支承。图 4.1(a) 所示的环具有一对水平弹簧以限制其横向变形。弹簧力作用在环上和不属于环的固定支座上。因此,这两个弹簧对环起到了外部弹性支承的作用。使用外部弹性支承的典型结构是斜拉桥,其中拉索有效地作为对桥面板的弹性支承,这就使得桥面能跨越更长的距离和承受更小的弯矩。拉索的另一端位于塔架上,塔架由其基础支承,因此是桥身的外部结构。

②内部弹性支承:如果弹性支承的作用力和反作用力都直接作用于所处的结构上,则将其视为内部弹性支承。图 4.1(b) 中的环有一穿过其中心的拉索,该拉索的作用相当于两个弹簧来约束由于施加荷载而在环的横向产生的变形。拉索在环上的作用与图 4.1(a) 中两个外部弹簧的作用相似,但拉索中的力作用于环的两侧。拉索所提供的内部弹性支承也可视为实现了内力的局部自平衡。

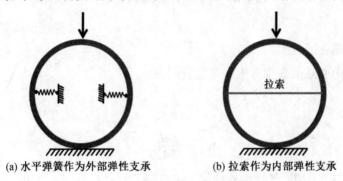

(a) 水平弹簧作为外部弹性支承　　　　(b) 拉索作为内部弹性支承

图 4.1　带有横向弹性支承的环

4.2　手算示例

4.2.1　有悬臂和无悬臂的简支梁

本节示例展示并定量表达了采用外伸简支梁以减小跨度和实现内力自平衡的有效性和高效性。

图 4.2 所示为 3 根有相同刚度 EI 的简支梁。图 4.2(a) 中的梁 1 跨度为 L,受均布荷载 q 的作用。其余两根梁由梁 1 演化而来,当梁 1 的两个支座向内对称移动 μL 时,即为梁 2(图 4.2(b)),称为外伸简支梁。当梁 1 在其两端各增加 αL,并在其两个自由端施加集中荷载 P 时,它就成为梁 3,如图 4.2(c) 所示,其中 α 和 P 为可变量,以便实现更有效的设计。下面通过图 4.2(d) 确定这 3 根梁

的最大弯矩和中心 C 处的挠度,并检验梁2、梁3同梁1的相对有效性。在本章参考文献[1]中可以找到计算这些梁的弯矩和变形量所需的基本公式。

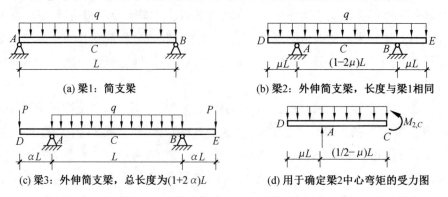

(a) 梁1:简支梁　　　　　　　　　　(b) 梁2:外伸简支梁,长度与梁1相同

(c) 梁3:外伸简支梁,总长度为(1+2 α)L　　(d) 用于确定梁2中心弯矩的受力图

图4.2　简支梁及其两根演化梁

【解答】

梁1　简支梁(图4.2(a))。

简支梁中心处的最大弯矩和挠度分别为

$$M_{1,C} = \frac{1}{8}qL^2 \tag{4.1a}$$

$$\Delta_{1,C} = \frac{5qL^4}{384EI} \tag{4.1b}$$

梁2　与梁1相同长度的外伸简支梁(图4.2(b)),其在 A 处和 B 处支座的弯矩为

$$M_{2,A} = M_{2,B} = -\frac{1}{2}q\mu^2L^2 \tag{4.2a}$$

梁2在跨中 C 处的弯矩可以用图4.2(d) 所示的受力图确定:

$$M_{2,C} = \frac{1}{2}qL\left(\frac{1}{2} - \mu\right)L - \frac{1}{2}q\left(\frac{L}{2}\right)^2 = \frac{1}{8}qL^2 - \frac{1}{2}q\mu L^2 \tag{4.2b}$$

$\mu(\mu < \frac{1}{2})$ 是式(4.2a) 和式(4.2b) 中的一个变量,可以通过调整该变量以获得较小的弯矩。考虑一特殊情况,当 A 处和 C 处的弯矩($M_{2,A}$ 和 $M_{2,C}$)幅值相同时,将式(4.2a) 和式(4.2b) 中的弯矩量视为相等,可得

$$\frac{1}{2}q\mu^2L^2 = \frac{1}{8}qL^2 - \frac{1}{2}q\mu L^2 \quad 或 \quad 4\mu^2 + 4\mu - 1 = 0 \tag{4.3}$$

式(4.3) 中二次方程的有效解为 $\mu = 0.207$。代入 $M_{2,A}$ 和 $M_{2,C}$ 的表达式

得出:

$$M_{2,C} = - M_{2,A} = \frac{1}{2}q\,(\mu L)^2 = \frac{1}{2}q(0.207)^2 L^2 \approx 0.021\,4qL^2 \quad (4.4a)$$

上面的结果也可以通过另一方式得到,即跨中和支座弯矩幅值取跨度为 $(1-2\mu)L = 0.586L$ 的简支梁最大弯矩的一半:

$$M_{2,C} = - M_{2,B} = \frac{1}{2} \times \frac{1}{8}q[\,(1-2\mu)L\,]^2 = \frac{1}{16}q0.586^2 L^2 \approx$$

$$0.021\,4qL^2 \approx 17.1\%M_{1,C} \qquad (4.4b)$$

叠加法可用于计算跨中 C 处的挠度。图 4.2(b) 中的荷载可分解为两种简单情况,如图 4.3(a) 和图 4.3(b) 所示。C 处由于外伸段的均布荷载而产生的跨中挠度(图 4.3(b))与在 A 处和 B 处支座作用的一对弯矩,即 $q\,(\mu L)^2/2$,所产生的挠度相同(图 4.3(c))。

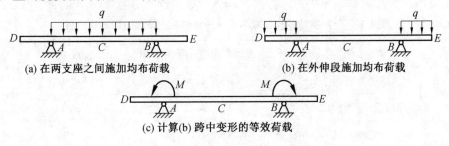

(a) 在两支座之间施加均布荷载　　　　　　(b) 在外伸段施加均布荷载

(c) 计算(b) 跨中变形的等效荷载

图 4.3　使用叠加法进行计算

这种荷载在跨中产生向上的挠度,可以用本章参考文献[1]中公式计算如下:

$$\Delta_{2,C} = \frac{5q\,[\,(1-2\mu)L\,]^4}{384EI} - \frac{M\,[\,(1-2\mu)L\,]^2}{8EI} =$$

$$\frac{5q\,(0.586L)^4}{384EI} - \frac{q\,(0.207L)^2}{2}\frac{(0.586L)^2}{8EI} \approx$$

$$0.117\,9 \times \frac{5qL^4}{384EI} - 0.070\,6 \times \frac{5qL^4}{384EI} \approx$$

$$0.047\,3 \times \frac{5qL^4}{384EI} \approx 4.73\%\Delta_{1,C} \qquad (4.5)$$

结果表明,梁 2 最大弯矩约为梁 1 最大弯矩的 17%,梁 2 最大挠度不到梁 1 最大挠度的 5%,产生这明显的减小是由于采用了 4.1 节的前两种实施途径。

① 减小两支座之间的跨度:弯矩与跨度平方成正比,挠度与跨度四次方成正比。因此,减小跨度可以有效地减小弯矩和挠度。

② 通过局部自平衡内力减小弯矩:由于使用外伸段产生了负弯矩,从而部分抵消了在跨中荷载作用下产生的正弯矩。这也可以解释为弯矩的重新分布。弯矩的减小也会导致挠度的减小。

当均布荷载仅施加于梁2支座之间时,就可以看出梁2跨度减小的效应,在这种情况下中心 C 处的弯矩为

$$M_{2,c} = \frac{1}{8}q\left[(1-2\mu)L\right]^2 \approx 0.586^2\frac{qL^2}{8} \approx 34.3\% M_{1,c} \qquad (4.6)$$

式(4.6)表明,跨度减小可使最大弯矩降低至 $34.3\% M_{1,c}$,如果在两外伸段施加相同的均布荷载(图4.3(b)),则使 $34.3\% M_{1,c}$ 的弯矩进一步下降一半,达到 $17.1\% M_{1,c}$(式(4.4b))。式(4.5)中的第一项①表明,跨度减小使变形量 $\Delta_{1,c}$ 减小了 88.2%,而外伸段荷载使 $\Delta_{1,c}$ 进一步减小了 7.06%。表 4.1② 总结了这两种实施途径在减小最大弯矩和最大挠度方面的有效性。

表4.1　两种实施途径在减小最大弯矩和最大挠度方面的有效性

实施途径	最大弯矩减小量	最大挠度减小量
减小跨度	65.7%	88.2%
局部自平衡内力	17.1%	7.06%
总和	82.8%	95.3%

从表4.1可以看出,减小跨度的实施途径对减小结构响应(尤其是挠度)起主导作用;在该示例中,局部自平衡内力这一实施途径减小弯矩的作用比减小挠度的作用更显著。

图4.4所示为英国北约克郡喷泉修道院(The Fountains Abbey)新入口的屋顶结构(外伸弯曲梁)。屋顶由一系列平行的弯曲梁支承,弯曲梁的低端部由单独的柱直接支承,在弯曲梁近高端部有跨越柱间的梁支承。检查弯曲梁的支承可以看出,这就是图4.2(b)所示外伸简支梁的实际应用。在垂直方向上的弯曲梁的结构性能与外伸简支梁的结构性能相同,但是曲面屋顶和不同高度的支承在美学上可使到访者愉悦。

---

① 式(4.5)中第一项即 $0.117\,9 \times \frac{5qL^4}{384EI}$(译者注)。

②"总和"取小数点后一位(译者注)。

图 4.4　外伸弯曲梁

在工程实践中,为便于外伸简支梁的设计,通常取 $\mu = 0.2$ 代替 $\mu = 0.207$ 这一精确解。

梁 3　外伸简支梁,全长为 $(1 + 2\alpha)L$(图 4.2(c)),类似于梁 2 的解题过程,再次使用叠加法来计算 $A(B)$ 处和 C 处的弯矩以及 C 处和 $D(E)$ 处的挠度。

梁 3 在 B 处和 C 处的弯矩分别为

$$M_{3,B} = P\alpha L \tag{4.7}$$

$$M_{3,C} = \frac{1}{8}qL^2 - P\alpha L = \frac{1}{8}qL^2\left(1 - \frac{8P\alpha}{qL}\right) \tag{4.8}$$

式中　　α—— 设计参数;

　　　　P—— 一给定荷载或是一力的设计参数。

由均布荷载 q 产生 C 处的向下挠度为

$$\Delta_{3,C1} = \frac{5qL^4}{384EI}$$

由 P 的两个集中荷载引起 C 处的向上挠度(外伸简支梁在 A 处和 B 处受作用 $M = P \times \alpha L = \alpha PL$)(图 4.3(c)) 为[1]

$$\Delta_{3,C2} = \frac{ML^2}{8EI} = \frac{\alpha PL^3}{8EI}$$

因此,在 C 处,由于梁的满载而产生的向下挠度是两个子荷载情况下挠度的总

---

[1] $\Delta_{3,C2}$ 为负挠度(译者注)。

和,则有

$$\Delta_{3,C} = \Delta_{3,C1} - \Delta_{3,C2} = \frac{5qL^4}{384EI} - \frac{\alpha PL^3}{8EI} = \frac{(5qL - 48\alpha P)L^3}{384EI} \tag{4.9}$$

为了确定在 D 处或 E 处的挠度,有必要了解这两种子荷载作用引起的变形量的斜率。在仅受均布荷载作用时,由于悬臂 DA 的旋转,在 D 处存在向上挠度,可用现有公式[1] 计算,如下所示①:

$$\Delta_{3,D1} = \theta_{3,A1} \times \alpha L = \frac{qL^3}{24EI} \times \alpha L = \frac{\alpha qL^4}{24EI}$$

由集中荷载引起的 D 处向下挠度为两种挠度之和,即长度为 αL 的悬臂梁在其自由端处因 P 而产生的端挠度以及由于悬臂 DA 转动而产生的端挠度之和:

$$\Delta_{3,D2} = \frac{PL^3}{3EI} + \theta_{3,A2}\alpha L = \frac{PL^3}{3EI} + \frac{(P\alpha L)L}{2EI}\alpha L = \frac{PL^3(2 + 3\alpha^2)}{6EI}$$

D 处的总向下挠度是由两个子荷载情况引起的挠度之和,即

$$\Delta_{3,D} = \Delta_{3,D2} - \Delta_{3,D1} = \frac{PL^3(2 + 3\alpha^2)}{6EI} - \frac{\alpha qL^4}{24EI} =$$

$$\frac{[4P(2 + 3\alpha^2) - \alpha qL]L^3}{24EI} \tag{4.10}$$

式(4.7) ~ (4.10) 包含两个变量 P 和 α,这些变量可用于主动调整图 4.2(c) 所示荷载条件下外伸简支梁的弯矩和挠度。

图 4.5 所示为一座钢框架双层停车场,它体现了梁 3 的分析结果。各楼层的竖向荷载传递到蜂窝梁,然后从蜂窝梁传递到支柱。特意设计的外伸梁用于减小蜂窝梁的弯矩和挠度。检查第一个外伸梁,两根钢索连接外伸梁自由端和混凝土支座,外伸梁自由端的向下力由钢索中的张力提供。这种力与图 4.2(c) 中的 P 相似,在柱支承上产生负弯矩以抵消部分楼板荷载作用下梁的正弯矩。外伸长度和钢索受力可以作为主动选择的设计参数,以减小蜂窝梁的弯矩和挠度。

外伸段自由端受钢索集中力作用,因此弯矩沿着外伸段线性变化,从在自由端的零值到柱支承处的最大值。对应弯矩图的形状,将外伸段设计成变截面且向柱的方向逐渐变粗。这比在整个长度使用相同截面的情况显得更轻巧,更

---

①$\Delta_{3,D1}$ 为负挠度(译者注)。

美观。一倾斜支承压杆设置在混凝土支座和外伸段根部之间,该支承压杆加固了外伸段以防止外伸段由于钢索的作用引起根部的旋转变形,对结构贡献了额外的横向抵抗力,并且还为钢索提供了锚固位置。

图 4.5　外伸梁和锚固钢索用于减小蜂窝梁的弯矩和挠度

（由英国的 John Calverley 先生提供）

4.2.2　有水平拉杆和无水平拉杆的 Y 形柱

本节示例通过在 Y 形柱中使用一拉杆来演示和量化自平衡的有效性和高效性。

图 4.6 所示两个 Y 形柱,一根顶部无水平拉杆,另一根顶部有连接 Y 形柱两个顶端的水平拉杆,它们承受着相同的对称竖向荷载。Y 形柱的尺寸可以用 3 个物理量描述:柱高 h,跨度 a 和两个对称倾斜杆件的高度 b。倾斜杆件的长度 $s = \sqrt{a^2 + b^2}$。假定 Y 形柱的截面均匀,刚度为 EI,水平拉杆的截面积为 A,弹性模量为 E_b,进行下列分析:

① 确定这两个 Y 形柱的弯矩。

② 确定两根倾斜杆件在点 A 的竖向位移和点 A 与点 B 之间的相对水平位移。

③ 研究水平拉杆对 Y 形柱弯矩及横向位移和竖向位移的影响。

两个 Y 形柱如图 4.6 所示。

【解答】

Y 形柱 1　（图 4.6(a)）。

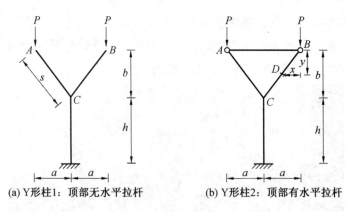

(a) Y形柱1:顶部无水平拉杆　　　　(b) Y形柱2:顶部有水平拉杆

图4.6　两个Y形柱

Y形柱是一种静定结构,其弯矩图可以很容易地绘制,如图4.7(a)所示。竖直柱中没有弯矩,因为对称竖向荷载对应的弯矩在连接点 C 是自平衡的,最大弯矩发生在连接点 C,其大小为 $M_{1,\max} = Pa$。

可以使用单位荷载法和力矩面积法结合图4.7(a)、图4.7(b)和图4.7(c)来计算竖向位移和水平位移,图中展示了由于一对作用在点 A 处的单位竖向荷载 P 以及作用在点 A 和点 B 之间的一对相向的水平单位荷载的弯矩图。

由一对荷载 P 引起的点 A 处竖直向下的位移为(图4.7(a) 和图4.7(b))

$$\Delta_{1,\mathrm{V}} = \frac{1}{EI} \frac{Pas}{2} \frac{2a}{3} = \frac{Pa^2 s}{3EI} \tag{4.11}$$

由一对荷载 P 引起的点 A 和点 B 之间的相对水平位移为(图4.7(a) 和图4.7(c))

$$\Delta_{1,\mathrm{H}} = \frac{1}{EI} \frac{Pas}{2} \left(-\frac{2b}{3} \right) \cdot 2 = -\frac{2Pabs}{3EI} \tag{4.12}$$

在式(4.11) 和式(4.12) 中,Δ 的第一个下标指定Y形柱序号(图4.6),第二个下标表示位移的方向。式(4.12) 中的负号表示点 A 和点 B 之间的相对水平位移与图4.7(c) 所示的水平单位荷载的方向相反,即点 A 和点 B 向外变形。

Y 形柱 2　(图4.6(b))。

有水平拉杆的Y形柱是超静定结构,因为杆中的内力是未知的。力矩面积法可用于确定杆中内力 F。当杆被一对力 F 替换时,如图4.7(d) 所示,Y形柱变为静定结构。图4.7(e) 显示了由一对水平力 F 引起的弯矩图,杆力 F 可以用Y形柱 A、B 两点的变形协调条件来确定,具体如下。

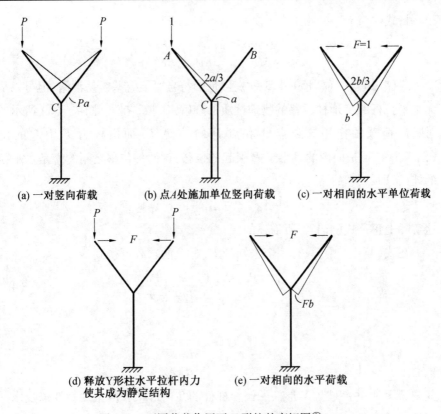

(a) 一对竖向荷载　　　(b) 点A处施加单位竖向荷载　　　(c) 一对相向的水平单位荷载

(d) 释放Y形柱水平拉杆内力　　　(e) 一对相向的水平荷载
使其成为静定结构

图 4.7　不同荷载作用下 Y 形柱的弯矩图①

① 由一对竖向荷载 P（图 4.7(a)）产生的水平位移。

$$\Delta_{\mathrm{H},P} = \frac{1}{EI} \frac{Pas}{2} \left(-\frac{2b}{3} \right) \cdot 2 = -\frac{2Pabs}{3EI} \tag{4.13}$$

② 由一对水平力 F（图 4.7(c) 和图 4.7(e)）引起的水平位移。

$$\Delta_{\mathrm{H},F} = \frac{1}{EI} \frac{Fbs}{2} \frac{2b}{3} \cdot 2 = \frac{2Fb^2 s}{3EI} \tag{4.14}$$

③ 水平拉杆的伸长。

$$\Delta_{\mathrm{b}} = \frac{2Fa}{E_{\mathrm{b}}A} \tag{4.15}$$

式(4.13) ～ (4.15) 中的变形协调要求为

$$\Delta_{\mathrm{H},P} + \Delta_{\mathrm{H},F} + \Delta_{\mathrm{b}} = 0 \tag{4.16}$$

---

①F 对应数值的单位为 kN(译者注)。

将式(4.13) ~ (4.15) 代入式(4.16),得到

$$-\frac{2Pabs}{3EI} + \frac{2Fb^2s}{3EI} + \frac{2Fa}{E_bA} = 0 \tag{4.17}$$

式(4.13) ~ (4.15) 中 3 种变形量的符号可能有些容易混淆,但可以从对无水平拉杆的 Y 形柱位移的物理性质的理解来判断它们。图 4.7(a) 所示的一对竖向荷载的作用导致点 A 和点 B 向外偏移,而由杆力 F 引起的位移(图 4.7(e))是向内的且小于 P 引起的位移,这两种位移之间的差是水平拉杆的伸长,即

$$|\Delta_{H,P}| - |\Delta_{H,F}| = |\Delta_b|$$

这实际上正是式(4.17) 所描述的。

在式(4.17) 中,只有一个未知的 F,对 F 的求解可得到

$$F = \frac{Pa}{b} \frac{1}{1 + \frac{3EIa}{b^2sE_bA}} = \frac{Pa}{b}k \tag{4.18}$$

$$k = \frac{1}{1 + \frac{3EIa}{b^2sE_bA}} \tag{4.19}$$

其中,$k \leq 1$ 并且是与 Y 形柱的倾斜杆件的几何形状和横截面特性以及水平拉杆的性质有关的无量纲系数。如果水平拉杆的刚度变成无穷大,则 $k = 1$,相应地,杆中的拉力变成 $F = Pa/b$。对于这种情况,当受对称竖向荷载时,Y 形柱的任何构件中没有弯矩,即由 P 引起的弯矩和由刚性杆中的水平力 F 引起的弯矩相互平衡。这可以通过计算 Y 形柱右侧杆件上任意点 D 处的弯矩来表示(图 4.6(b) 和图 4.7(d)),具体如下:

$$M_D = Px - Fy = Px - \frac{Pa}{b}\frac{b}{a}x = 0 \tag{4.20}$$

虽然水平拉杆刚度 E_bA 不可能是无限大的,但这相应与 Y 形柱两端顶点的横向位移在水平方向受支座约束的情况等效。

一旦确定了水平拉杆的内力 F,有水平拉杆的 Y 形柱就变成了图 4.7(d) 所示的静定结构,关键位置的弯矩和变形量可以很容易地通过计算得出。

倾斜杆件中的最大弯矩为

$$M_{2,max} = Pa - Fb = Pa - Pak = Pa(1 - k) = M_{1,max}(1 - k) \tag{4.21}$$

由于 P 和 F 的共同作用,点 A 处竖直向下的位移为

$$\Delta_{2,\mathrm{v}} = \frac{1}{EI} \frac{Pas}{2} \frac{2a}{3} - \frac{1}{EI} \frac{Fbs}{2} \left(-\frac{2a}{3}\right) = \frac{Pa^2s}{3EI} - \frac{Fabs}{3EI} =$$

$$\frac{Pa^2s}{3EI} - \frac{Pa^2ks}{3EI} = \frac{Pa^2s}{3EI}(1-k) = \Delta_{1,\mathrm{v}}(1-k) \qquad (4.22)$$

由于 P 和 F 的作用,点 A 和点 B 之间的相对水平位移(向外变形量)为

$$\Delta_{2,\mathrm{H}} = \frac{1}{EI} \frac{Pas}{2} \frac{2b}{3} \times 2 - \frac{1}{EI} \frac{Fbs}{2} \left(-\frac{2b}{3}\right) \times 2 = \frac{2Pabs}{3EI} - \frac{2Fb^2s}{3EI} =$$

$$\frac{2Pabs}{3EI} - \frac{2Pabks}{3EI} = \frac{2Pabs}{3EI}(1-k) = \Delta_{1,\mathrm{H}}(1-k) \qquad (4.23)$$

式(4.18)和式(4.19)表明,当系数 $k < 1$ 时,$F < Pa/b$。当以 m 为单位测量截面性质 I 和 A 时,A 的值会比 I 的值大得多;a、b 和 s 是悬臂的几何尺寸,$s > a$。因此,在大多数实际情况下,比值 $3EIa/(b^2sE_bA)$ 可能远小于 1.0。所以式(4.19)中的系数 k 不会比 1 小很多。式(4.21) ~ (4.23)表明,有水平拉杆的 Y 形柱在点 C 处的最大弯矩和在顶点 A 处的竖向与水平变形量是无水平拉杆 Y 形柱的相应量的 $1 - k$ 倍。

为了了解水平拉杆对 Y 形柱的最大弯矩和变形量的影响,对以下一种特殊情况进行检验。

Y 形柱的倾斜杆件尺寸 $a = 2.0$ m,$b = 1.5$ m,$s = 2.5$ m;采用 I 形钢梁 UB254 × 102 × 25,截面惯性矩为 $I = 3\,415$ cm^4 = 3.415×10^{-5} m^4;钢杆半径为 1.0 cm,即横截面积约为 $A = 3.14$ cm^2 = 3.14×10^{-4} m^2;倾斜杆件和水平拉杆的弹性模量 $E = E_A = 200 \times 10^9$ N/m^2。100 kN 的竖向荷载分别作用于点 A 和点 B(图 4.6(b))。

因此,系数 k 由式(4.19)求得

$$k = \frac{1}{1 + \dfrac{3Ia}{b^2sA}} = \frac{1}{1 + \dfrac{3 \times 3.415 \times 10^{-5} \times 2.0}{1.5^2 \times 2.5 \times 3.14 \times 10^{-4}}} \approx \frac{1}{1 + 0.116} \approx 0.896$$

钢杆中的水平力可以使用式(4.18)确定为

$$F = \frac{Pa}{b}k = \frac{100\,000 \times 2.0}{1.5} \times 0.896 \approx 119\,467 \ (\mathrm{N})$$

点 C 的弯矩为

$$M_{2,\max} = Pa(1-k) = 100\,000 \times 2 \times (1 - 0.896) =$$
$$200\,000 \times 0.104 = 20\,800 \ (\mathrm{N \cdot m})$$

从式(4.22)得出的点 A 处竖直向下的位移为

$$\Delta_{2,\mathrm{V}} = \frac{Pa^2s}{3EI}(1-k) = \frac{100\,000 \times 2.0^2 \times 2.5}{3 \times 200 \times 10^9 \times 3\,415 \times 10^{-8}} \times (1 - 0.896) \approx$$

$$0.048\,8 \times 0.104 \approx 0.005\,1\ (\mathrm{m})$$

点 A 和点 B 处基于式（4.23）得出的相对水平位移（向外变形量）为

$$\Delta_{2,\mathrm{H}} = \frac{2Pabs}{3EI}(1-k) = \frac{2 \times 100\,000 \times 2.0 \times 1.5 \times 2.5}{3 \times 200 \times 10^9 \times 3\,415 \times 10^{-8}} \times (1 - 0.896) \approx$$

$$0.073\,2 \times 0.104 \approx 0.007\,6\ (\mathrm{m})$$

可以观察到，使用水平拉杆有效控制了 Y 形柱的两根倾斜杆件的水平变形和竖向变形，使内力和位移减小很多。对于这种特定情况，减小量非常大，高达近90%。因此可以说水平拉杆在 Y 形柱的顶部提供了内部弹性支承，使得内力和位移有效减小。这也可以解释为：由水平拉杆引起的弯矩平衡了由竖向荷载引起的绝大部分弯矩，从而使内力和位移大大减小。这些解释说明使用水平拉杆连接 Y 形柱的两个顶端的物理措施可以由不同的思路产生。

图4.8 所示是过去和现在使用 Y 形柱的两个实例。图4.8(a) 中的拉结 Y 形柱位于英国北约克郡 Knaresbough 火车站。该站建于1890年，Y 形柱由铸铁制成。如图4.8(a) 所示，水平拉杆实际上是屋架的下弦杆，其截面比两个臂的截面更厚，有效地防止了曲臂末端的水平变形和竖向变形。使用曲臂而不是传统的直臂，使之看上去更美观。

（a）在火车站　　　　　　　　　（b）在机场航站楼

图4.8　使用有水平拉杆的 Y 形柱

图4.8(b) 所示是在 Y 形柱上直接设置水平拉杆的例子。该 Y 形钢柱位于伦敦希斯罗机场5号航站楼，2008年启用。可以注意到，与两根倾斜杆件相比，水平拉杆的截面很小。该 Y 形柱的估算尺寸和材料性质已用在4.2.1节的手算示例里。有水平拉杆的 Y 形柱在对称竖向荷载作用下的位移和弯矩，比无水平拉杆的 Y 形柱中的相应量减少大约90%。

图 4.8 所示两根有水平拉杆 Y 形柱实例的主要区别是所使用的材料和所涉及的技术不同。尽管二者在地点、施工时间和材料上存在差异,但这两种设计中所包含的结构概念基本上是相同的,这表明结构概念的实施并不取决于时间或材料。

4.3　工程实例

4.3.1　悬臂结构

1. 汇丰银行中国香港总部

4.2.1 节讨论的外伸简支梁简单而有效,采用的减小跨度和局部自平衡内力(弯矩)的实施途径可应用于更先进的结构。图 4.9(a) 是汇丰银行中国香港总部实景(正面视图),该楼共 47 层,地上高度为 179 m,建于 1979 ～ 1986 年[2,3]。图 4.9(b) 是该建筑的模型。

其主要结构显现在外,可供人们直接欣赏。该建筑结构由 8 根巨柱支承,排成 2 列,每列 4 根(在图 4.9(a) 可见 2 根巨柱)。每根巨柱由 4 根钢管柱组成,这些钢管柱与矩形梁刚性连接,支承在位于地面以下 30 m 处的基岩上。在巨柱之间设置支撑杆件,有效地提高了建筑结构的横向刚度。巨柱支承着 5 组成对的、2 层高的钢桁架,其跨度为 33.5 m,两端各悬挑 10.7 m。巨柱和桁架系

(a) 正面视图

(b) 模型

图 4.9　汇丰银行中国香港总部

统承载了所有的结构荷载,并在底层创造了一个壮观的无柱区域。每个桁架通过在其中央和两端的吊杆悬挂支承其下楼层。图 4.10 清楚地展示了中央和外侧吊杆的顶端,表明桁架支承着下面的楼层。现在选择一个离散桁架系统来更仔细地检验荷载(内力)路径。

图 4.10　桁架支承下面的楼层,而不是上面的楼层

　　由于结构在立面上对称,为了便于理解,图 4.11 只展示了其左半边的桁架结构,它是由两个具有连接梁的支柱(双立柱)、桁架,两根由桁架支承的吊杆(CG 和 FH)以及由支柱和吊杆支承的 5 层楼板梁组成。设置两个铰支座以反映对称性并防止横向变形。主楼板梁分别与吊杆和支柱铰接。作用在主楼板梁上的竖向荷载被传递到支柱和吊杆,在支柱中产生压力并在吊杆中产生拉力。随后将吊杆中的拉力传递到节点 C 和节点 F,然后传到受拉杆件 BF、AC 和受压杆件 CD、EF。可以理解,来自杆件 BF 的力在节点 B 上的水平分量与来自杆件 AC 的力在节点 A 上的水平分量部分地自平衡。类似地,来自杆件 EF 的力在节点 E 上的水平分量与来自杆件 CD 的力在节点 D 上的水平分量部分地自平衡。自平衡的效果有效地减小了作用在双支柱上的横向力,从而降低了支柱中的弯矩。

　　图 4.11 表明,楼板梁可以作为单个简支梁进行分析。梁上的荷载一半传递给吊杆,另一半传递给支柱,为了更好地理解在竖向荷载作用下结构的性能和自平衡的影响,结构可以进一步简化,以抓住其物理本质进行手算。考虑 3 个层次的桁架和支柱系统以及通过吊杆作用的竖向荷载,如图 4.12(a) 所示。2P 来自于中央吊杆,F 来自于在两端点的吊杆。当对称结构受到对称荷载时,结构的响应将是对称的,因此在这种情况下可以考虑图 4.12(b) 所示的一半结构,其中桁架的中心点被约束以防止水平运动,反映变形的对称性。

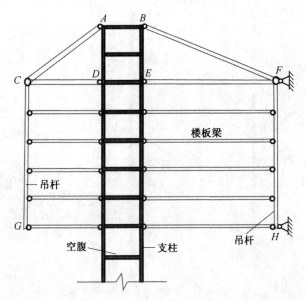

图4.11　双立柱、桁架、吊杆与5层楼板梁组成的简化结构示意图[3]

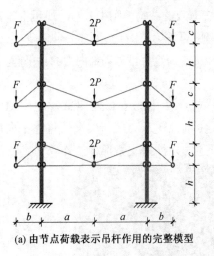

(a) 由节点荷载表示吊杆作用的完整模型

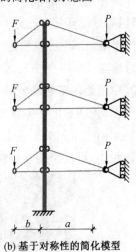

(b) 基于对称性的简化模型

图4.12　考虑3个层次的桁架和支柱系统的模型

当忽略从图4.12(b)中的水平约束产生的水平力时,对图4.12(b)中模型的分析变得简单,因为该结构是静定的。检查从桁架杆件上作用在支柱上的横向力(图4.13(a)),可以看出,有6对力,并且每对力作用在相同的水平高度上但方向相反。在力局部自平衡之后,剩余6个平行力,在不同的水平上形成3对相等的力(图4.12(b))。相应的支柱剪力图和弯矩图如图4.13(c)和图4.13(d)所示。

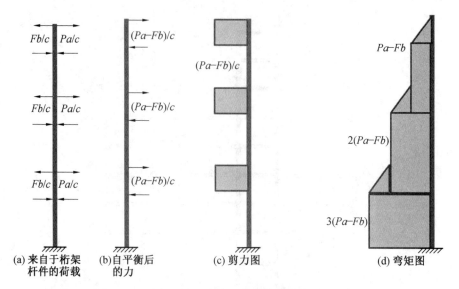

(a) 来自于桁架　　(b) 自平衡后　　(c) 剪力图　　　　　　　　(d) 弯矩图
　杆件的荷载　　　的力

图 4.13　支柱上的荷载和内力

　　作用在支柱上的水平力的大小是 $(Pa - Fb)/c$，力的自平衡反映在 $Pa - Fb$ 项，可以通过设计其中的力 F 来获得一个更有效的结构。图 4.12(a) 所示汇丰银行中国香港总部的完整模型(定性结构模型)可视为4.2.1节所述外伸简支梁(图 4.2(b) 和 4.2(c)) 的拓展，使用外伸悬臂以减少跨度并创造局部内力的自平衡。

2. 中国哈尔滨机场候机厅

　　图 4.14 展示了在中国哈尔滨机场候机厅使用的带有外伸悬臂的屋顶结构。屋顶由一系列的桁架支承，而桁架又由圆柱支承。从桁架端部将柱子向内移一段距离，可使桁架能够像 4.2.1 节所述的外伸简支梁那样工作。

图 4.14　带有外伸悬臂的屋顶结构的机场候机厅(中国哈尔滨)

4.3.2　树状结构

1. 树和树状结构

图 4.6(a) 所示的 Y 形柱可能是最简单的树状结构。树状结构,也称分支结构,是由 Y 形柱发展而来的具有更多分支的结构形式。暴露在阳光、雨、风和其他环境条件下的树木是如此自然、合乎逻辑和美丽。观察一棵在冬季的橡树(图 4.15) 可以注意到:① 具有结构性的分权。树干在树根处最粗,离树干越远的树枝就越纤细。② 树作为悬臂有效地工作,即树干像一个垂直的悬臂,许多单独的树枝就像较小的悬臂。作为悬臂梁,它通过弯曲传递作用在悬臂上的荷载,即弯矩在悬臂的底端变成最大,向悬臂端的方向变小。树干和树枝的截面尺寸基本上反映了所受弯矩的相对大小。

图 4.15　冬季的橡树显露出其结构层次

具有固有的美丽的和自然的树木形式在建筑和结构设计中可得到应用和改进,至少有以下两种方式:

① 分支末端用于支承屋顶或上部结构。分支所提供的支承,使屋顶或上部结构能够跨越更大的空间。

② 分支端部由其所支承的屋顶或上部结构中的结构杆件连接。分支不再充当悬臂,因此分支端部的变形受到连接杆件的约束,而连接杆件主要承载轴向力而不是弯矩,这提高了分支结构的效率和性能。在 4.2.2 节中已通过使用和不使用水平拉杆的 Y 形柱的分析阐明了这一特征。

4.2.2 节证明,在对称竖向荷载作用下,有水平拉杆的 Y 形柱两个顶端的变形比无水平拉杆的 Y 形柱的变形小许多。这是因为柱的两个顶端向外且向下的变形受到了水平拉杆的约束。有水平拉杆的 Y 形柱不仅保持了树状结构的形式,而且更高效,从而其分支可以使用较小的横截面。

考虑由一系列连接的 Y 形柱构成的结构。如图4.16(a)所示,在框架外侧的两个顶部节点提供旋转和水平约束,这是一个高次超静定结构,简单的手算不能直接使用。然而,其结构形式和荷载都是对称的,对称性可以用来简化结构及其分析。图4.16(a)所示的结构可以表示为一个等价的半框架,如图4.16(b)所示,它仍然是对称的。可以类似地将其进一步简化为图4.16(c)所示的原始结构的1/4,然后简化为图4.16(d)所示的单个 Y 形柱。由于对称性,这具有旋转约束和水平约束的单个 Y 形柱在顶部支座处只有两个赘余力,即对称的横向力和弯矩。支座反力可以通过手算确定,类似于图4.6(b)中所示的顶部有水平拉杆 Y 形柱的解。计算结果表明,支座处的弯矩为零,这对水平赘余力相互向内作用且等于 Pa/b。因此,这个有支座约束的 Y 形柱(图4.16(d))相当于水平拉杆刚度无穷大时的 Y 形柱(图4.6(b))。式(4.20)表明,倾斜杆件中任意点的弯矩为零。由于图4.16(a)和图4.16(d)所示的结

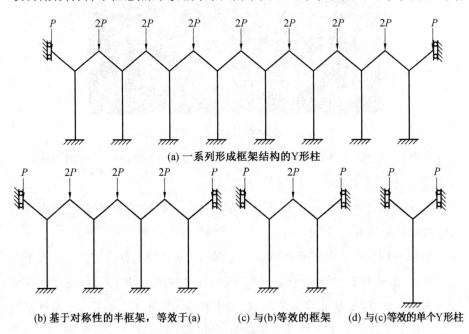

(a) 一系列形成框架结构的Y形柱

(b) 基于对称性的半框架,等效于(a)　　(c) 与(b)等效的框架　　(d) 与(c)等效的单个Y形柱

图4.16　基于对称性从 Y 形框架到等效的单个 Y 形柱

构是相同的,利用对称性,一个可以由另一个产生,所以连续 Y 形框架结构(图 4.16(a))在给定的竖向荷载作用下不承受任何弯矩。这个零弯矩场是通过约束 Y 形柱顶部节点的横向变形来创建的。值得注意的是,轴向力引起的变形是可以忽略不计的。

众所周知,抛物线拱在均布竖向荷载作用下处于无弯矩状态。在给定的荷载条件下,这种连续的 Y 形框架结构(图 4.16(a))是结构中所有构件均无弯矩的另一个例子。前者是单个结构构件,后者是由多个结构构件组成的框架结构。

2. 罗马小体育宫(Palazzetto dello Sport)

Y 形柱的使用可以在罗马小体育宫的结构中看到,如图 4.17 所示,该结构于 1957 年建于罗马,由 Pier Luige Nervi 设计。图 4.17 显示了壳体屋顶由一系列按圆形排列的倾斜 Y 形柱支承的结构形式。竖向柱用于为所有倾斜的 Y 形柱提供支承。图 4.18 显示了结构的有限元模型和从中隔离出来的一系列按圆形排列的 Y 形柱。由于找不到结构构件截面的精确数据,可以检查一些结构参数的影响,使该有限元模型能够提供关于其相对性能的定性理解。

由于这系列 Y 形柱的封闭结构具有通过屋顶中心的轴对称性以及它们与屋顶壳有连接,因此当屋顶受均布竖向荷载(例如屋顶结构的自重)时,在 Y 形柱的顶端处几乎没有横向变形。根据图 4.16 中对一系列 Y 形柱的定性分析和图 4.6(b) 中对单个 Y 形柱的定量分析,可以推断在 Y 形柱平面内的弯矩很小。

图 4.17　罗马小体育宫的外观

(经德国的 Nicolas Janberg 先生允许,引自 structurae. net)

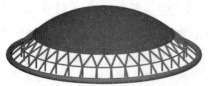

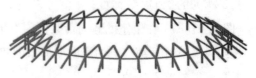

(a) 有限元模型，显示结构的3个主要　　　　　(b) 隔离出的圆形封闭系列Y形框架结构
　　 部分：屋顶、系列Y形柱和张力环

图 4.18　　罗马小体育宫的有限元模型[4]

3. 德国赫思恩步行桥（Hessenring Footbridge）

　　赫思恩步行桥由 Schlaich Bergermann 与其合伙人设计，跨度为 46 m，宽 6.9 m，位于德国巴特洪堡（Bad Homburg），如图 4.19 所示。细长的桥面由16 根拉索悬挂，这些拉索将桥面荷载传递给位于桥梁中心的树状柱。该树状柱不仅是桥梁的承重构件，也是一座精致的三维雕塑。像树干那样的四臂分叉可以看作是在两个垂直方向上的 Y 形柱的演化。在4 根倾斜臂顶端的4 根水平拉杆限制了倾斜臂由于16 根拉索作用而产生的向外变形。这4 根倾斜臂主要承受轴向力，而不是弯矩。这一推论不仅可以从4.2.2 节中对有水平拉杆的 Y 形柱的分析中得到，而且还可以从连接臂沿其长度有相似横截面的观察中得出。如果4 根水平拉杆被移除，那么4 根倾斜臂就像悬臂梁那样，其自由端有集中的拉索力。这将产生一个沿臂长三角形分布的弯矩，顶端弯矩为0，底部弯矩为最大值。

图 4.19　　德国赫思恩步行桥，德国巴特洪堡

（由瑞典的 Per Waahlin 先生提供）

4. 其他例子

　　Y 形柱可以排列成三维树状结构。图 4.20 展示了里斯本东方火车站的结构,它是由 Santiago Calatrava 设计的,树状结构的分支是弯曲的,而不是直的。这种变化不会影响柱构件在均布竖向荷载作用下的弯矩。此外,折屋顶和分支间的许多薄单元限制了分支间和柱间的相对变形,使弯矩很小。因此,在此结构中不需要大截面的竖向柱和分支构件。

图 4.20　树状结构作为一系列 Y 形柱的演化

　　树状结构被创造性地使用并产生了许多变体,以获得美观和高效的结构。由于树状结构的柱子较少且有较多的分支,它们能够为屋顶提供良好的支承,特别适合在开阔的宽敞空间使用,因此它们经常出现在商场、展览中心和机场候机厅。图 4.21(a) 所示为中国上海浦东机场候机厅,其屋顶由一系列 Y 形柱支承。Y 形柱的第一级支柱进一步划分为垂直于第一级支柱的第二级支柱,为屋顶创造了四点支承。Y 形柱顶端与屋顶之间的连接限制了 4 个分支在竖向荷载作用下的水平变形和竖向变形。因此,该 Y 形柱的杆件主要承受压力,而不是弯矩,这样就能选用较小的截面。为了美观和保护旅客,图 4.21(a) 中外观粗大的立柱使用了额外的非结构材料。

　　图 4.21(b) 所示中国天津碧海文化中心使用的巨大 Y 形柱,用于支承一个覆盖开阔区域的屋顶。需要注意的是,8 根分支杆件是从中心柱发展而来的,用来支承屋顶结构,而分支杆件的顶端连接到屋顶结构的杆件上。因此,分支杆件的水平变形和竖向变形受到限制,使分支杆件在竖向荷载作用下的弯矩很小。

(a) 中国上海浦东机场候机厅
使用两级分支的Y形柱

(b) 中国天津碧海文化中心使用的巨大Y形柱

图 4.21　用于大型公共建筑的 Y 形柱（由英国的 Xie Peixuan 先生提供）

在西班牙马德里巴拉哈斯机场候机厅,有大量的 V 形支柱和 Y 形柱支承其屋顶结构,使屋顶跨越很大的区域却不需要中间支承。图 4.22 显示了其内部和外部倾斜的 Y 形柱。这些 Y 形柱的共同特征是水平拉杆被放置在 Y 形柱的顶端之间。这些水平拉杆有效地限制了端部的横向位移,并使倾斜臂主要承受轴向力。

(a) 内部使用

(b) 外部使用

图 4.22　西班牙马德里巴拉哈斯机场候机厅倾斜的 Y 形柱

（图 4.22(a) 由重庆大学陈朝晖教授提供;图 4.22(b) 由比利时布鲁塞尔自由大学 Guy Warzée 教授提供）

4.3.3　自平衡结构

1. 西班牙马德里赛马场(Madrid Racecourse)

图 4.23 展示了西班牙马德里赛马场(扎祖拉竞技场)的看台。其横断面图和物理模型如图 4.24 所示。图 4.24 显示该看台由上屋顶(檐篷)、左边的座位区及右边的娱乐厅组成,而娱乐厅则由较低的屋顶覆盖。上部屋顶由中央柱铰接支座和连接上、下屋顶的拉杆 CD 支承。下部屋顶的左侧与中心柱刚性连接,并由拉杆 CD 在跨中悬挂[5]。

图 4.23　西班牙马德里赛马场的看台(前部视图)

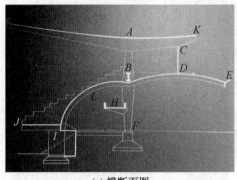

(a) 横断面图

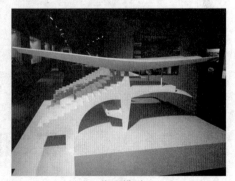

(b) 物理模型

图 4.24　西班牙马德里赛马场的设计

其看台的结构设计有若干优点,在此结构中包含的局部自平衡系统值得强调。需要注意的是,拉杆 CD(图 4.24(a))被放置在看台的上屋顶和娱乐厅的下屋顶之间。上屋顶由来自中央柱的竖直向上的力和来自拉杆的向下的拉力所支承。因为这些杆在下屋顶的跨中位置,所以下屋顶的质量主要由这些拉杆承载。当拉杆连接上屋顶和下屋顶时,两个屋顶和拉杆形成局部自平衡的系统。在图 4.25 中给出了上屋顶 *FG*、下屋顶 *BE* 与拉杆 *CD* 之间的结构关系,它可以用来解读该屋顶系统的物理本质,上屋顶需要向下的力实现其平衡,而下屋顶需要向上的力来加强刚度并减小它的内力和位移。拉杆 *CD* 的设置可以服务于以上两个目的,使得上屋顶 *FG* 和下屋顶 *BE* 相互支承。

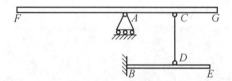

图 4.25　用一拉杆连接两个屋顶的简化模型

2. 英国曼彻斯特索尔福德码头升降桥(Salford Quays Lift Bridge)

使用自平衡来解决具有挑战性的工程问题通常能够实现高效的设计。图 4.26 显示了索尔福德码头升降桥的提升位置。该桥位于英国曼彻斯特索尔福德和特拉福德之间,横跨曼彻斯特运河,它也被称为索尔福德码头的千禧步行桥(Salford Quays Millennium Footbridge)或洛里桥(Lowry Bridge)。这 91.2 m 长的竖向提升桥能将桥面提升到 18 m 的高度,允许大型船只在其下方通过。

图 4.26　索尔福德码头升降桥的提升位置

该桥由一对向内倾斜且在顶部连接的拱、桥面和一系列钢索构成。所述钢索沿着桥面长度均匀地分布,连接着拱和桥面。桥面的大部分自重和施加在桥面上的交通荷载传递到钢索,然后由钢索传递到拱上。拱主要通过受压的方式将作用在其上的荷载有效地传递到拱的支座。然而,这需要强大、坚固的支座以平衡拱端部所产生的巨大水平推力。对于该桥梁(图 4.26),拱和桥面的端部做成刚性连接,因此作为弯曲构件的桥面板也用于平衡来自拱的水平推力。由于桥面具有足够的轴向强度和刚度以承受由拱起引起的张力,因此不需要其他支座以平衡来自拱的水平推力。使用桥面板平衡拱水平推力的想法和措施解决了无法为提升桥提供外部水平支座的问题。

　　一个类似的例子,如图 4.27 所示,是英国曼彻斯特的一座用于轨道电车的拱桥,其拱 – 钢索 – 桥面系统实现了水平力的自平衡,从而解决了现场不允许建造能够平衡拱水平推力的支座的问题。

图 4.27　　桥的拱、钢索和桥面形成了一个自平衡系统

4.4　进一步讨论

　　在 4.2.1 节和 4.2.2 节中分别分析了外伸简支梁和带有顶部水平拉杆的 Y 形柱的有效性与高效性,其实施情况见 4.3.1 节和 4.3.2 节。将这两种物理措施同时集成到一个设计中是可能的,也是有效的。

　　成都东站是中国大型铁路枢纽之一,也是中国西部最大的铁路枢纽,其车站大楼于 2011 年完成建造[6]。图 4.28(a) 为成都东站的正视图,从中可以看到外伸悬臂屋顶和 Y 形柱。Y 形柱的下部被分成两个倾斜的构件,由 1 个金属件与 3 对短水平拉杆连接。Y 形柱的两根分支杆件做成一对环。图 4.28(b) 所示为4个屋顶支承之一,它可以看作是一个Y形柱被分割成4个由水平平行杆件连接的环形支承,其大间距的分支为屋顶结构提供了四点支承。当4个顶端连接到屋顶结构时,它们在两个水平方向上的变形也受到了约束,这也限制了Y形柱杆件的弯矩。

(a) 带有Y形柱支承的外伸悬臂屋顶的正视图

(b) 在两个垂直方向的Y形柱支承,是4个屋顶支承之一

图4.28 成都东站

(图4.28(b) 由中国西南建筑设计研究院袁锋教授提供)

本章只考虑竖向荷载。在现实中,横向荷载与竖向荷载同样重要,在第6章中将讨论横向荷载的作用。

本章参考文献

[1] Craig, R. R. *Mechanics of Materials*, John Wiley & Sons, USA,

1996.

[2] Bennett, D. *Skyscrapers*: *Form and Function*, Simon & Schuster, New York, USA, 1995.

[3] Parkyn, N. *The Seventy Architectural Wonders of Our World*, Thames & Hudson, London, 2002.

[4] Xu, L. *The Y-Shaped Structures*, MSc Dissertation, The University of Manchester, 2015.

[5] Torroja, E. *The Structures of Eduardo Torroja*: *An Autobiography of An Engineering Accomplishment*, F W Dodge Corporation, USA, 1958.

[6] Feng, Y. *et al*, *Practice on Long-Span Spatial Structures*, China Construction Press, Beijing, China, 2015.

第 5 章　更均匀的内力分布

5.1　实施途径

获取更均匀的内力分布将使内力更小。因此,4.1 节所述的更小的结构内力这一结构概念的实施途径,例如局部平衡内力、提供内部和外部弹性支承等,都适用于实现更均匀的内力分布。产生更均匀的内力分布提供了另一种思考途径,并可由此产生一种结构拓扑优化方法以实现更高效的结构。

结构拓扑优化:渐进结构优化(ESO) 及在其基础上发展的双向渐进结构优化(BESO)[1] 均为包含结构概念的结构拓扑优化方法。通过从结构中逐步去除低应力的低效材料,并将材料添加到具有高应力的区域,结构的最优形状逐渐演化,剩余单元间的最高应力与最低应力之间的差异逐渐减小。通过重复这一过程,结构剩余单元之间的最大应力差逐渐减小。BESO 的成果是一个合理使用材料的高效设计。这种优化过程对应于一结构概念:内力分布越均匀,结构就越高效。

在计算机上实现的基于有限元分析的 BESO 方法将为各种结构带来创新性的解决方案,其中一些具有丰富的想象力,甚至超出了有经验的工程师所能想到的范围。

5.2　手算示例

5.2.1　有弹性支承和无弹性支承的悬臂梁

本节示例说明通过提供附加弹性支承减小弯矩或者使弯矩的分布更加均匀,可得到更小的结构变形。

图 5.1 展示的 3 根竖向悬臂梁,具有相同的高度 L,相同的横截面刚度 EI,受到均布横向荷载作用。前两根悬臂梁的区别是:悬臂梁 1 为无约束悬臂,悬臂梁 2 为顶部有水平弹簧支座的悬臂。悬臂梁 2 的弹簧具有刚度 k_x,悬臂梁 2 和顶部也有弹簧支座的悬臂梁 3 的不同之处在于,悬臂梁 3 所受荷载和弹簧支

座位置与悬臂梁分别具有夹角 ϕ 和 θ。计算并比较悬臂梁 1 和悬臂梁 2 底部弯矩和顶部位移。

悬臂梁 1　底部弯矩和自由端位移分别为[3]

$$M_{1b} = \frac{q_x L^2}{2} \tag{5.1}$$

$$\Delta_1 = \frac{q_x L^4}{8EI} \tag{5.2}$$

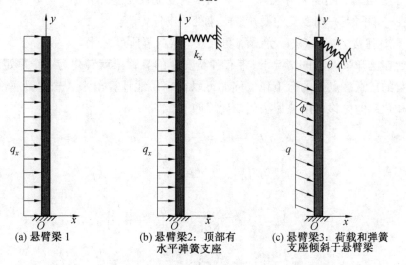

(a) 悬臂梁 1　　(b) 悬臂梁2：顶部有　(c) 悬臂梁3：荷载和弹簧
　　　　　　　　水平弹簧支座　　　支座倾斜于悬臂梁

图 5.1　受均布荷载作用的悬臂梁

悬臂梁 2　悬臂梁 2 是一超静定结构，在计算悬臂梁的弯矩和位移之前，需要确定其顶部的弹簧力。弹簧作用可由弹簧力 F_x 代替，它可表示为弹簧刚度 k_x 和顶部位移 Δ_2 的乘积。Δ_2 是由均布荷载和弹簧力在相应的静定悬臂梁上所引起的两个位移的总和。

$$F_x = k_x \Delta_2 = k_x (\Delta_{2q} - \Delta_{2s}) = k_x \left(\frac{q_x L^4}{8EI} - \frac{F_x L^3}{3EI} \right) \tag{5.3}$$

整理式(5.3)，可以逐步得到弹簧力 F_x 的表达式：

$$F_x = \frac{k_x \dfrac{q_x L^4}{8EI}}{1 + \dfrac{k_x L^3}{3EI}} = \frac{3q_x L}{8} \frac{\dfrac{k_x L^3}{3EI}}{1 + \dfrac{k_x L^3}{3EI}} = \frac{3q_x L}{8} \frac{k_x}{K_{sc} + k_x} = \frac{3q_x L}{8} \frac{\alpha}{1 + \alpha} \tag{5.4}$$

其中，

$$K_{sc} = \frac{3EI}{L^3} \tag{5.5a}$$

$$\alpha = \frac{k_x}{K_{sc}L^3} \tag{5.5b}$$

式中　　K_{sc}—— 悬臂梁的静刚度,是悬臂梁顶部由于单位荷载引起的位移的倒数;

　　　　α—— 弹簧刚度与悬臂梁的静刚度之比。

从式(5.4)和式(5.5)中可以看出:

①当弹簧刚度无穷大($k_x = \infty$)时,它变成铰支座,同时$F_x = 3q_xL/8$。这正是在一端固支一端铰支的梁在铰支座处的支反力。

②弹簧力F_x取决于弹簧刚度与悬臂梁的静刚度之比。

在已知弹簧力的情况下,带有弹簧支座的悬臂梁就转化为一个静定结构,在梁的任意一点处的弯矩和位移都可以很容易地计算出来。悬臂梁底部的弯矩和顶部的位移可用叠加法逐步计算如下。

$$M_{2b} = \frac{1}{2}q_xL^2 - FL = \frac{1}{2}q_xL^2 - \frac{3}{8}q_xL^2\frac{\alpha}{1+\alpha} =$$
$$\frac{1}{2}q_xL^2\left(1 - \frac{3}{4}\frac{\alpha}{1+\alpha}\right) = \frac{1}{2}q_xL^2 \times f_M \tag{5.6}$$

$$\Delta_2 = \Delta_{2q} - \Delta_{2F} = \frac{q_xL^4}{8EI} - \left(\frac{3q_xL}{8}\frac{\alpha}{1+\alpha}\right)\frac{L^3}{3EI} =$$
$$\frac{q_xL^4}{8EI}\left(1 - \frac{\alpha}{1+\alpha}\right) = \frac{q_xL^4}{8EI}\frac{1}{1+\alpha} = \frac{q_xL^4}{8EI} \times f_\Delta \tag{5.7}$$

$$f_M = 1 - \frac{3}{4}\frac{\alpha}{1+\alpha} = 1 - \frac{3}{4}\frac{k_x}{K_{sc}+k_x} \tag{5.8}$$

$$f_\Delta = \frac{1}{1+\alpha} = \frac{K_{sc}}{K_{sc}+k_x} = 1 - \frac{k_x}{K_{sc}+k_x} \tag{5.9}$$

式中　　f_M, f_Δ—— 悬臂梁底部弯矩和顶部位移的弹簧效应系数,描述了弹簧效应对结构反应的降低效果。

可以从式(5.6) ~ (5.9)中观察到:

①当$k_x = \infty$时,它变成一个支撑梁,底部弯矩为$M_{2b} = q_xL^2/8$,顶部在铰支方向没有位移。

②当$k_x = 0$时,它变成一个悬臂梁,底部弯矩为$M_{2b} = M_{1b} = q_xL^2/2$,顶部位移为$\Delta_2 = \Delta_1 = q_xL^4/(8EI)$。

③当k_x在两个极值之间时,弹簧刚度越大,弹簧力越大,底部弯矩就越小,悬臂梁顶部的位移就越小。

式(5.8)和式(5.9)表明f_M和f_Δ是弹簧刚度与悬臂梁静刚度之比的函

数。为了理解这刚度比对减小响应的作用,在图 5.2 中绘出了这两个函数。

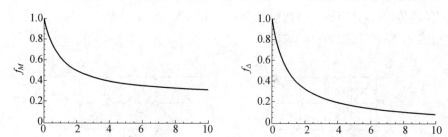

(a) 对于底部弯矩　　　　　　　　　　(b) 对于顶部位移

图 5.2　两个弹簧效应系数作为刚度比的函数

图 5.2 表明弹簧支座能够有效地减小悬臂梁的底部弯矩和顶部位移,当 α 大于 3 时,底部弯矩减小的速率变小。

悬臂梁 3　悬臂梁 3 由图 5.1(b) 所示的悬臂梁 2 发展而来,将弹簧倾斜角度 θ,将荷载倾斜角度 ϕ。当 $\theta = 90°$ 和 $\phi = 90°$ 时,悬臂梁 3 变成悬臂梁 2。通过引入

$$k_x = k\sin^2\theta, \quad F_x = F\sin\theta, \quad q_x = q\sin\phi$$

用于悬臂梁 2 的式(5.3) ~ (5.8) 就适用于悬臂梁 3,其中 k_x 是弹簧刚度 k 投影到水平(x) 方向的刚度。F 是弹簧力,F_x 是 F 的水平投影,类似地,q_x 垂直于悬臂,是荷载 q 在 x 方向的投影。在 6.2.1 节的示例中可以看到 k_x 的推导,其中使用了类似于弹簧的倾斜的弦。

5.2.2　不同支撑形式的多层框架

本节示例表明,在计算机上实现的更均匀的内力分布这一结构概念,可以产生比基于更直接的内力路径这一结构概念更有效的新支撑形式。

图 5.3 所示的八层四跨框架,有 5 种不同的支撑形式。框架 A ~ D 具有相同的尺寸,相同数量的支撑杆件、竖向杆件和水平杆件。所有杆件具有相同的截面面积和弹性模量。框架 A ~ D 每层各有 2 根支撑杆件,共 16 根支撑杆件。这 4 个框架之间唯一的区别是支撑形式。第 3 章讨论了框架 A 中的支撑形式,它可以用 3.1 节中的前 3 个准则来确定。基于更小的结构内力这一结构概念,按经验发展了框架 B 中的倒 V 形支撑布置。框架 C、D 的支撑布置是将用于连续体的渐进结构优化方法应用于离散系统的结果。框架 E 是以 ESO 方法为起点的完全支撑,每个区间有两根支撑杆件。一对反对称的荷载施加在框架的两个顶角,如图 5.3 所示。对铰接框架进行有限元分析,确定了具有最小应变能(或应力)的对称支撑杆件,并将其从结构中去除。重复这个过程直到每层只剩下两根支撑杆件。框架 C、D 是 ESO 的结果。由于移除了应变能最低的支撑

杆件,在这两个演化出的结构中诸杆件之间的应变能差异最小,这相当于实现了更均匀的内力分布这一结构概念[4]。使用图 5.3 所示的框架 A ~ D,计算和考察这 4 个桁架的内力和最大位移。

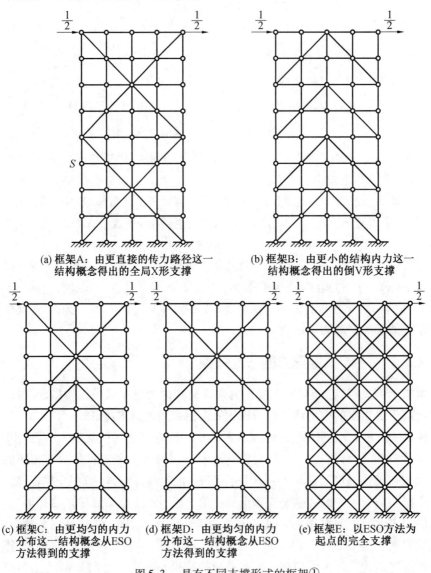

(a) 框架A: 由更直接的传力路径这一结构概念得出的全局X形支撑

(b) 框架B: 由更小的结构内力这一结构概念得出的倒V形支撑

(c) 框架C: 由更均匀的内力分布这一结构概念从ESO方法得到的支撑

(d) 框架D: 由更均匀的内力分布这一结构概念从ESO方法得到的支撑

(e) 框架E: 以ESO方法为起点的完全支撑

图 5.3 具有不同支撑形式的框架①

---

①图中数据单位为 N(以 1 N 为单位力,图示"$\frac{1}{2}$"指一半的单位力)(译者注)。

框架 A ~ D 这 4 个铰接框架是超静定结构，然而它们可以简化为等效的静定结构。遵循这样的概念：当对称结构受到反对称荷载时，结构的响应（变形和内力）将是反对称的，这已在第 2 章和第 3 章使用过。由于响应是反对称的，框架中心线上的杆件必须为零力杆件，并且在这条线上的节点不存在竖向位移。因此，图 5.4 给出了这 4 个框架的等效半框架和其所有杆件的内力，以了解它们的大小和分布。节点平衡方程可以用来手算这 4 个半框架所有杆件的内力。由于每个区间的长度和宽度相同，因此可以快速地进行手算。

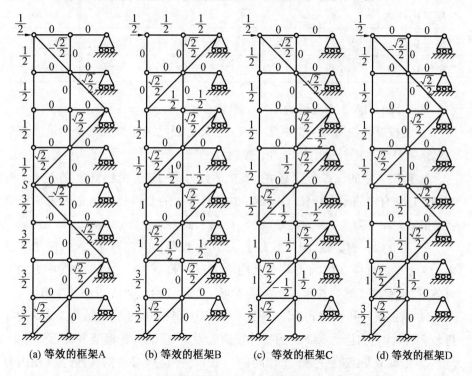

图 5.4　图 5.3 所示的前 4 个框架的等效半框架及其内力①

为了理解 4 个框架之间的内力差异，表 5.1 给出了竖向杆件和水平杆件（第（2）~（5）列）、支撑杆件（第（6）列）中的内力分布和大小，并基于图 5.4 计算出 4 个框架中竖向杆件、水平杆件和支撑杆件对变形的贡献（第（7）（8）列）和所有杆件对变形的总贡献（第（9）列）。

————————————

①图中数据单位为 N（译者注）。

表 5.1　不同内力大小的杆件数量及其对 4 个框架变形的贡献①

桁架	竖向杆件和水平杆件的内力				支撑杆件的内力	竖向杆件和水平杆件对变形的贡献	支撑杆件对变形的贡献	所有杆件对变形的总贡献
(1)	(2)	(3)	(4)	(5)	(6)	(7)	(8)	(9)
与单位力的关系	0	$\frac{1}{2}$	1	$\frac{3}{2}$	$\frac{\sqrt{2}}{2}$	$\sum\limits^{V,H} N^2 L$	$\sum\limits^{B} N^2 L$	$\sum\limits^{All} N^2 L$
框架 A	24	4	0	4	8	10	$4\sqrt{2}$	15.65
框架 B	18	10	2	2	8	9	$4\sqrt{2}$	14.65
框架 C	16	13	2	1	8	7.5	$4\sqrt{2}$	13.16
框架 D	19	9	3	1	8	7.5	$4\sqrt{2}$	13.16

从图 5.4 和表 5.1 可以看出并了解到：

① 支撑杆件在所有 4 个框架中内力相同。因此，4 个框架的变形量之差是由竖向杆件和水平杆件中的内力所控制。

② 框架 A 中的支撑布置遵循更直接的传力路径这一结构概念，在这 4 个框架中，它具有多的零力杆件（24 根），也具有最大的变形量。这是因为该框架有 4 根最大内力为 3/2 N 的杆件（图 5.4(a)），这对总变形量做出了重大贡献。

③ 与框架 A 相比较，倒 V 形支撑多出了 6 根最小内力为 1/2 N 的杆件，2 根内力为 1 N 的杆件，但少了 2 根最大内力为 3/2 N 的杆件。式(2.16) 中力的平方效应，导致该支撑形式具有比全局 X 形支撑形式的框架 A 更小的变形。

④ 与框架 A 和框架 B 相比，框架 C 非零力杆件和较小内力值为 1/2 N 的杆件较多，最大内力值为 3/2 N 的杆件较少。因此，框架 C 比框架 B 变形更小。

⑤ 框架 D 与框架 C 变形量相同，少 4 根内力值为 1/2 N 的杆件，多 1 根内力值为 1 N 的杆件。两个框架对变形具有相同的贡献。

当支撑杆件终止于竖向杆件时，低于交点的竖向杆件中的内力将增加 1/2。例如图 5.3(a) 和图 5.4(a) 中，在框架 A 中部高度的侧面垂直杆件的交点(S) 处有两根支撑杆件。因此，从交点的上部杆件到下部杆件的内力增加 $2 \times 1/2 = 1$ (N)。为了避免在外侧竖向杆件中积累更大的内力，在图 5.3(c) 所示的框架 C 中，6 层的两根支撑杆件终结于两根内柱处。这使框架 C 与框架 A 相比，有

————————
①表中数据单位为 N(译者注)。

更多具有较小内力的杆件和更少具有较大内力的杆件(图5.4(a)和5.4(c))。

基于不同的结构概念(更直接的传力路径(框架A)、更小的结构内力(框架B)和更均匀的内力分布(框架C和框架D)),生成了4种支撑形式。因此,表5.1中显示的结果鼓励追溯,从概念上思考后3种支撑形式的框架(框架B～D)的表现甚至优于全局X形支撑框架(框架A)的原因,这有助于为合理的设计提供想法。此外,ESO将有可能创建超出人们想象的新的结构形式。

5.3　工程实例

5.3.1　有外部弹性支承的结构

1. 都柏林塞缪尔·贝克特(Samuel Beckett)桥

图5.5(a)所示的简单竖琴由三个相对厚实的外部构件组成,即具有一调和曲线形的弦轸、一个共鸣箱和一个弯曲的支柱,它们构成一个环,在弦轸和共鸣箱之间具有不同长度的若干平行的拉紧弦。支柱的功能是支承弦轸,防止由于拉紧弦的作用而使弦轸与共鸣箱之间发生相对变形,并将支承力从弦轸传递到它的下端和然后到底座。

为了分析竖琴中的力,图5.5(b)展示了与图5.5(a)类似的表现竖琴基本特征的图。如果将支柱从竖琴上拆下,其作用在弦轸和共鸣箱上的力如图5.5(c)所示。作用在共鸣箱上的向下的力 F 将被传递到支承共鸣箱的底座上。因此定性地提供两个支座以允许竖琴的其余部分处于平衡位置。向上的压力 F 是支承弦轸所必需的。从结构的观点来看,这种向上的压力可以用适当的张力 T 代替,以抵抗弦轸向下的变形,如图5.5(d)所示。

由图5.5(d)定性说明的关于竖琴的思考已经应用在塞缪尔·贝克特桥的工程实践中,它是建立在都柏林 Liffey 河上的一座以钢箱梁为桥身的、可旋转的斜拉桥,如图5.6所示。这座由 Santiago Calatrava 所设计的桥已成为这座城市的地标,它展示了象征爱尔兰民族的竖琴。图5.6(a)所示的桥的侧视图看起来类似于图5.5(d)中所示的等效竖琴,位于桥身和高高的悬臂塔之间的拉索类似于琴弦,悬臂塔类似于竖琴的弦轸,桥身类似于共鸣箱。后置拉索的张力作用,限制了悬臂塔在位于桥身上索的作用所产生的向前和向下的变形。

(a) 在都柏林吉尼斯啤酒厂展示的竖琴

(b) 类似于竖琴(a)的手绘图

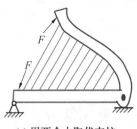

(c) 用两个力取代支柱

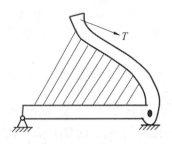

(d) 向上压力F替换为张力T

图5.5　竖琴

(a) 侧视图

(b) 后视图

图5.6　都柏林塞缪尔·贝克特桥

　　塞缪尔·贝克特桥长123 m,宽28 m,有4条行车线及人行道和自行车道,可以90°旋转,使得船在它下方通过。图5.6为桥的侧视图和后视图,展示了桥梁的结构及其使用。该钢箱梁桥由25根直径为60 mm的斜拉索通过悬臂塔提起和支承,而悬臂塔则由6根直径为145 mm的后侧索支承。这6根后拉索的安放也加强了悬臂塔的横向稳定性[5]。

图5.1(c)还可以用作分析悬臂塔的平面模型。悬臂塔受到一系列平行拉索力,它们大致与悬臂塔垂直。作用在悬臂塔顶部的后拉索相当于作用在悬臂塔顶端的弹簧支座,以约束悬臂塔向前和向下的变形。在这种情况下,后拉索被锚定到与桥身独立的基础上,因此可以被认为是悬臂塔的外部弹性支承。

2. 瓦伦西亚塞瑞维亚(Serreria) 桥

Santiago Calatrava 还设计了其他类似于竖琴的桥梁。 图 5.7 所示的 Serreria 桥位于西班牙瓦伦西亚的艺术和科学综合城区的内部,其跨度为 180 m,桥面宽度从一端的33.5 m 到另一端的39.2 m不等。除了3个外部竖向支座外,桥面由 29 根平行拉索悬挂支承,索间距为 5 m,倾斜弯曲悬臂塔高 118.6 m。 从图5.7可以看出,悬臂塔向后倾斜,这使得塔架的自重能够平衡部分来自于支承桥身的拉索的力。两组后拉索在其顶部向悬臂塔提供了有效的外部弹性支承,它们在地面上彼此更多地分开放置以提高悬臂塔的横向稳定性。

图 5.7　西班牙瓦伦西亚 Serreria 桥

(经德国的 Nicolas Janberg 先生允许,引自 structurae. net)

3. 雅典凯特哈吉(Katehaki) 步行桥

Katehaki 步行桥(图5.8) 长93.7 m,两支座间跨度为73.5 m。桥面宽度从一端的3.95 m 到另一端的5.67 m 不等。高度为50.48 m 的弯曲钢箱式悬臂塔似乎是向后倾斜的,而塞缪尔·贝克特桥中的悬臂塔则是向前倾斜的。其桥面由 14 根平行拉索悬挂在悬臂塔上。其两根后拉索能够将很大一部分平行拉索力传递到它们的基础上,后拉索产生的悬臂塔弯矩部分抵消了由平行拉索引起的弯矩。

图 5.8　雅典 Katehaki 步行桥

这 3 座桥梁在功能、地理位置和结构形式上都不同,但它们展示了类似的美观和轻盈,这是通过提供外部弹性支承来实现的:

① 除了坚实的竖向支座外,桥身还由一系列拉索悬挂,这些拉索相当于为桥身提供了外部弹性支承。

② 后拉索为悬臂塔提供了外部弹性支承。此类弹性支承对悬臂的作用已在 5.2.1 节中说明。

对于概念设计阶段的快速手算分析,3 个桥中的悬臂塔可视为悬臂梁,其自由端具有弹性支承(图 5.1(c))。连接桥面的平行拉索所作用在悬臂塔上的力,可以视为均布荷载,其不垂直于悬臂梁,可以通过角度 ϕ 来描述。后拉索可以简化成悬臂塔自由端的弹性支承,θ 是后拉索与悬臂塔之间的夹角。

5.3.2　有内部水平方向弹性支承的结构

提供内部弹性支承可能是获取内力自平衡的一个简单且有效的途径,这能获取更小的结构内力、更均匀的内力分布和更小的变形。已经有一些在水平方向提供内部弹性支承的创新应用。

1. 英国曼彻斯特中心会展综合体(Manchester Central Convention Complex,MCCC)

图 5.9 所示为曼彻斯特中心会展综合体,它有一个独特的拱形屋顶,跨度为 64 m。该综合体最初设计于 1880 年,后来用作曼彻斯特中央火车站。屋顶

拱门是用锻铁做的。拱是有效的结构,因为它们主要通过受压来传递施加的荷载,而不是通过受弯。然而,在拱的支座处一般会产生很大的水平力,这需要大的基础。通常在拱的两端做成铰支座,以抵抗竖向和水平方向的作用力。在图5.9所示的拱上可以观察到两根明显的水平拉杆,一个靠近拱的底部,一个在拱的中间高度附近。这两根水平拉杆的自重通过竖向杆件传递到拱上。两根水平拉杆具有很大的轴向刚度,在横向上有效地充当拱的内部弹性支承,抑制拱的横向变形,平衡拱力的部分水平分量。这反过来也减少了拱的内力和拱支座处的水平推力。

图5.9　曼彻斯特中心会展综合体(MCCC)正视图

为了定性地考察水平拉杆对拱在减小水平方向和竖直方向的内力和变形的影响,可以提取拱(图5.9)的主要特征绘制图5.10(a)所示的简化模型(模型A),该模型展示了两根水平拉杆和拱的边界条件。制作如图5.10(a)所示的物理模型可能不是一件容易的事情,因为这涉及制作支座和支座与拱之间的连接。使用对称性概念(当对称结构承受对称荷载时,结构的响应将是对称的),模型A(图5.10(a))正是模型B的一半(图5.10(b))。使用模型B取代模型A的优点是,可以免除模型A中所需的支座,以便进行模型制作。为检验水平拉杆对环的影响,模型B可以进一步演化为模型C(图5.10(c)),其中水平拉杆和拱的物理本质保持不变。模型B和模型C之间的变化是将4根水平拉杆替换为一单根杆件,用刚性连接替换铰连接。模型C的性能与模型A或模型B类似,但是模型C比模型A和模型B更容易制作。

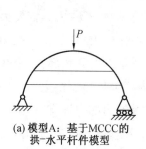

(a) 模型A：基于MCCC的
拱-水平杆件模型

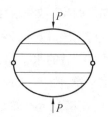

(b) 模型B：根据对称性，
该模型等同于模型A

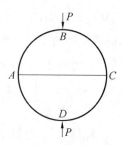

(c) 模型C：模型B的简化，
反映了模型B的本质

图 5.10　　直观理解模型的演变

　　由于竖向力 P 的作用，在模型 C 中水平拉杆受到张力 T。在没有水平拉杆但仍然受到力 P 和 T 的情况下，可以使用叠加法来定性地分析约束环的行为。仅考虑该对竖向力 P，环的变形以图 5.11(a) 中的虚线示出，其中顶部点 B 和底部点 D 彼此相向地变形，而侧面点 A 和点 C 彼此向外变形。检查水平力 T 的作用，环沿着与 P 作用方向相反的方向变形(图 5.11(b))。因此，模型 C 的行为是图 5.11 所示的变形的组合。水平拉杆的作用限制了点 A 和点 C 的向外变形，并减小了由于 P 而引起的环的竖向位移。有水平拉杆的环的刚度要比无水平拉杆的环的刚度大得多。这种解读可以用物理模型来证明。

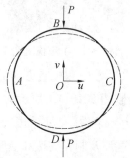
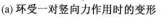

(a) 环受一对竖向力作用时的变形

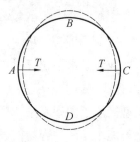

(b) 环受一对水平力作用时的变形

图 5.11　　约束环变形的图示

　　图 5.12 所示两个橡胶环，一个沿径向用铜丝约束，另一个无约束。将重量为 22.3 N 砝码分别放在两个环的顶部，可以看出，用铜丝约束的环的变形明显减小。变形减小意味着环的刚度增加，用手从两个环顶部向下压可以明显地感受它们刚度的差异。变形减小也表明用铜丝约束的环所受弯矩较小。这是因为当施加的荷载增加时，铜丝中的力也增加，它产生的弯矩与外部荷载所产生的弯矩方向相反。由于铜丝产生的力部分地平衡了由竖向荷载所产生的弯矩，这使得用铜丝约

束的橡胶环的内力更小,分布更均匀。由于有约束的橡胶环是双对称的且相对简单,其竖向和横向变形量及弯矩的表达式可以由推导获得并进行定量考察[6]。

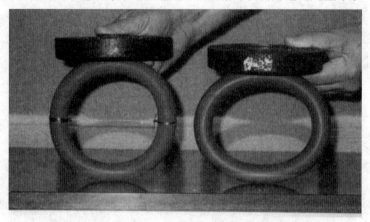

图 5.12　演示了作为环的内部弹性支承的铜丝的作用

2. 美国瑞利竞技馆(Raleigh Arena)

如图 5.13 所示,瑞利竞技馆的屋顶结构由一系列支承在一对倾斜拱上的承重索与稳定索组成。承重索给拱加了很大的力,部分力的竖向分量传递到外柱上。弯矩、剪力和压力通过一对斜拱传递到它们的支座。拱两底端的大部分水平力由地下拉索平衡,这大大减少了作用在基础上的水平力。地下水平拉索与图 5.12 所示环中的铜丝具有类似的作用,即充当内部弹性支承,减小拱的内力,使结构具有更大的刚度。

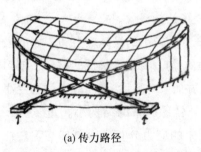
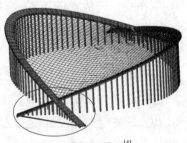

(a) 传力路径　　　　　　　　　　　(b) 有限元模型[4]

图 5.13　瑞利竞技馆

进一步解读地下水平拉索的行为有助于更好地理解结构性能。如图 5.13(b) 中圆圈内所示,两拱的下部和水平拉索可被简化为一简支的两端由一水平拉杆连接的刚性框架模型,命名为模型 D,如图 5.14(a) 所示。由于结构的对称性质,在模型的顶部仅施加竖向力。该竖向荷载通过两个倾斜构件将弯矩、压力、剪力传递到水平拉杆和支座。模型 D 可由基于对称原理的模型 E 来表示(图 5.14(b))。实际上,模型 E 和模型 C 中的水平拉杆具有相同的功能,约束节点 A、C 之间的横向相对变形以及节点 B、D 之间的向内竖向变形,并且减小直杆件和弯曲杆件中的弯矩。结构中水平拉杆的作用(图 5.13(b))可由图5.11 和图 5.12 所示的定性分析模型和物理模型来解读和示范。

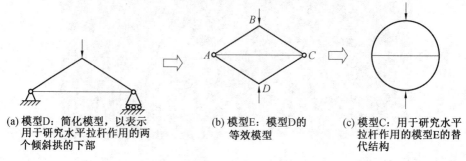

(a) 模型D:简化模型,以表示用于研究水平拉杆作用的两个倾斜拱的下部　　(b) 模型E:模型D的等效模型　　(c) 模型C:用于研究水平拉杆作用的模型E的替代结构

图 5.14　模型演化

5.3.3　由拓扑优化生成的结构

1.渐进结构优化

渐进结构优化是一种流行的、相对简单的拓扑优化方法,可与许多商业有限元分析软件包衔接。它避免了求解复杂结构分析问题的困难。基本的 ESO 已经被改进和推广到 BESO,BESO 允许在结构最需要的部分添加材料,以提高结构的性能和降低应力幅度,同时将结构中没有被充分利用的材料移除。BESO 现在是一种成熟的技术,对结构工程师和建筑师尤其有吸引力,因为它非常适用于建筑结构,也因为该方法中融入了结构概念。

用 BESO 从结构中添加或移除材料,会产生较小的最高应力和较大的最低应力,从而使结构中的应力或内力分布更加均匀。将应力最低的材料从结构中去除后,最低应力会变大,而在应力最高地方加入材料后,最高应力就会变小。换句话说,最高应力和最低应力之间的差异将比原来的结构小。重复这一过程,差异会逐渐变得越来越小,在结构单元中的应力分布变得更加均匀。在寻求更均匀的应力时,BESO 可以创造出新的结构形式。该方法中包含的结构概念可以表示为**应力分布越均匀,结构就越高效**,其中,效率是通过结构中应力分布的均匀性来衡量的。这一结构概念与本章前面研究的结构概念之一相似,**内力分布越均匀,结构的变形就越小**。BESO 过程是一个自动计算的过程,它作用于结构的局部区域,通过平衡方程的解,逐步地将原结构演化为具有优越几何形式的新结构。通常优化后的形式具有结构效率高、美观的特点。

BESO 中的拓扑优化问题可以表达如下[1,2]：

寻求 X，以使得：

最小化为

$$C = \frac{1}{2}P^{\mathrm{T}}U = \frac{1}{2}\sum P_i u_i \tag{5.10}$$

受到约束条件为

$$KU = P \tag{5.11}$$

$$X^{\mathrm{T}}V = V^* \tag{5.12}$$

式中　X——设计变量向量；

　　　x_i——X 向量中的第 i 个元素，取 0 表示相应单元的缺失，取 1 表示其存在；

　　　P,U——外部荷载向量和节点位移向量；

　　　C——目标函数，表示结构的平均柔度。

换句话说，C 是结构整体刚度的反比。C 与 $W_{1,1}$ 相同，是外荷载 P 对式(2.9)中相应的挠度 U 所做的功。式(5.11)是平衡方程。式(5.12)是一个约束条件，即整个结构的规定体积极限 V^* 等于单元体积之和，其中 v_i 是单元体积。

BESO 与本书提出的使用结构概念的方法(SCM)既有相似之处又有差异。表5.2 总结了这两种实现更有效结构的方法的主要特征。

表5.2　BESO 与 SCM 的比较

项目	方法	
	BESO [1,2]	SCM
目标函数	最小化目标函数，即最小化平均结构柔度	减小结构临界点的变形
设计变量	单元存在与否	内力
约束条件	平衡方程，结构的规定体积	没有明确的约束
中间结果	优化过程	4 个结构概念
解答过程	通过计算机逐步去除不够有效的单元并将新单元添加到最需要的区域	利用结构概念改善内力流或内力分布
最终结果	具有给定体积的最小平均结构变形的新的结构形状	与类似结构相比，结构变形更小

下面进一步比较这两种设计方法。

（1）目标函数。

①用 BESO 求出了在给定质量下的最小平均结构柔度，而 SCM 定性地获得结构较小的变形量 $\Delta_{2,c}$（式（2.16））或较小的结构柔度矩阵中最大柔度系数。

②在 BESO 中用的是结构上的实际荷载，而 SCM 将实际荷载集中在控制点并转化为单位荷载。

③外部功 $P^{\mathrm{T}}U/2$ 在 BESO 中会明确计算，而内部功按 SCM 定性解读。

（2）设计变量。

BESO 中设计变量是可能存在或不存在的单元，而 SCM 中设计变量是杆件内力。

（3）约束条件。

约束条件控制了 BESO 原始结构中材料的去除量，而 SCM 中没有类似的明确约束。

（4）中间结果。

BESO 不需要提供中间结果，拓扑优化后的结构为最终结果；而对于 SCM，从目标函数（式（2.16））中确定了 4 个结构概念，需要通过发展特定的物理措施在具体结构中实现。

（5）解答过程。

BESO 利用有限元分析软件实现，并在计算机上进行处理。因此，用户需要熟悉该方法和软件包。虽然 SCM 不一定需要计算机，但需要有经验的结构工程师或建筑师利用 4 个结构概念中的任何一个来改善内力流或内力分布。

（6）最终结果。

BESO 创建了一个新的结构拓扑，它可能与原始结构形式有很大的不同，甚至可能是一个超出想象的结构拓扑。用 SCM 很可能实现与其他类似结构相比相对变形更小的合理设计。

现在介绍使用 BESO[8] 进行桥梁设计的 3 个示例，并与类似的实际结构相比较。

2. 下承式桥梁

图 5.15（a）显示了一个均匀的区域，它由顶部的不可设计层和桥梁的设计域组成。将 100 N/m² 的均布荷载施加在该区域的上表面，4 个底角铰支。弹性模量 $E = 210$ GPa，泊松比 $\nu = 0.3$。为了在桥下产生足够的空间，在设计域中人为加入限制，在桥面下中部制造出一空隙。

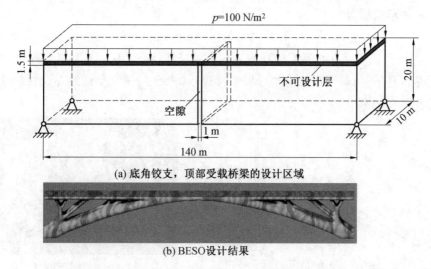

(a) 底角铰支，顶部受载桥梁的设计区域

(b) BESO设计结果

图 5.15　BESO 设计(由澳大利亚的皇家墨尔本理工大学(RMIT) 谢亿民教授提供)

在进行 BESO 时，对设计域中 80% 的材料进行了去除，并给出了拓扑优化解，设计结果如图 5.15(b) 所示，是一座拱桥。由于给定的边界条件能够承受水平力，拱形将是一个预期的结果。从结构概念上和结构直觉上考虑可能的桥梁设计，拱形设计可能是一个合理的解决方案。图 5.16 展示了位于英国曼彻斯特的一座由铸铁建造的拱桥，与图 5.15(b) 中的 BESO 设计结果很相似。这两种设计的不同之处在于拱形和桥面之间柱的位置和方向。在结构概念设计中，有可能使用相等间距的竖向杆件，在实践中也通常是如此。虽 BESO 设计中产生的倾斜的桥面支承杆件在实际中不太可能选用，但它是一个更理想的设计，可使应力分布更均匀。

图 5.16　位于英国曼彻斯特的一座由铸铁建造的拱桥

3. 中承式桥梁

图5.17(a)显示了一个H形的均匀区域,中间的水平层被指定为不可设计层,4个底角铰支。在水平层施加均匀分布的竖向荷载。H形截面的两个竖向单元是设计域,材料可以从这个区域中移除。BESO的过程是最终在设计域中移除90%的材料。

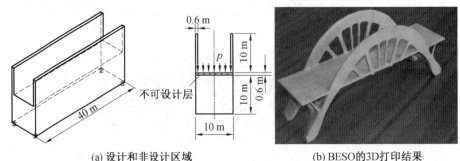

(a) 设计和非设计区域   (b) BESO的3D打印结果

图5.17   桥梁的拓扑优化(由澳大利亚的皇家墨尔本理工大学谢亿民教授提供)

图5.17(b)显示了BESO过程所产生的最佳方案的3D打印结果,这是一座拱桥,拉杆支承着桥面的中央部分,压力杆件支承着桥面的两端。这个拓扑优化结构很好地反映了一个高效结构的良好工程实践。一个类似的例子是图5.18所示的于1928年完工的位于英国纽卡斯尔泰恩河上的泰恩大桥,它连接着纽卡斯尔和盖茨黑德。可以看出,竖向受拉杆件支承桥面的中心部分,竖向受压杆件支承桥面的两端部分。这座桥的拓扑形状与BESO结果(图5.17(b))只有很小差别:在BESO结果中,拉杆和支柱是倾斜的;在实际的桥梁中,它们是竖直的。这两种受力杆件的布置对结构性能的影响值得比较。

图5.18   位于英国纽卡斯尔泰恩河上的泰恩大桥

4.有厚度限制的某大跨度步行桥

要求设计一座拱形桥,两个桥墩之间的跨度为 72 m,最大拱深为 1.8 m。BESO 用于为这座步行桥创造两种高效和美观的结构形式。在桥梁设计域的有限元模型中采用了 3D 固体单元和单一的钢材料。在结构顶部施加均布荷载。考虑了两种不同的边界条件:

① 一个桥墩底端用铰支座,另一个桥墩底端用滑动支座。

② 桥墩两底端为铰支座,桥身两侧端为滑动支座以限制水平位移。

两种不同边界条件的解决方案如图 5.19 所示。由于在桥墩处的滑动支座允许水平移动,对图 5.19(a) 所示桥梁的受力分析就类似于对熟知的简支梁的受力分析。跨中弯矩最大,剪力最小。BESO 的解决方案显示,材料仅放置在桥梁中央部分的顶部和底部,以抵抗弯矩。随着离桥梁中心的距离增加,在顶部和底部的材料逐渐增加,这反映了沿桥梁长度方向弯矩的变化。倾斜杆件从中心到桥的两端逐渐变厚,这反映了剪力的变化。

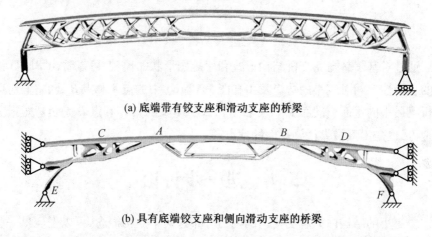

(a) 底端带有铰支座和滑动支座的桥梁

(b) 具有底端铰支座和侧向滑动支座的桥梁

图 5.19　桥梁的优化几何形状(由澳大利亚的皇家墨尔本大学谢亿民教授提供)

当将更强的边界条件应用于第二个设计时,BESO 过程使图 5.19(b) 所示的设计更有效。虽不太可能事先预见 BESO 的结果,但是可以解读其设计的合理性。参照图 5.19(b),从杆件(材料) 的分布来看,点 A 和点 B 之间的区域以弯曲为主,而在点 A 和点 B 附近仅出现小的弯矩。倾斜杆件 CE 和 DF 在点 C 和点 D 处提供了竖向支承,从而有效地减小了桥的跨度,这当然会导致较小的内力和变形。

实践中的一个类似例子是基尔赫姆立交桥,它是 1993 年在德国建造的一座公路桥,如图 5.20(a) 所示。该刚性框架桥具有一对倾斜支撑(斜撑),为桥面提供支承,有效地缩短了该桥的跨度。斜撑主要承受的是压力,而不是弯矩,这是因为该支撑在水平方向和竖直方向的变形受到桥面和两个斜撑的对称性的限制, 这可以从图 5.20(b) 所示的桥在竖向均布荷载作用下的弯矩图中看出。6.2.2 节中的手算示例也将会验证这一点。

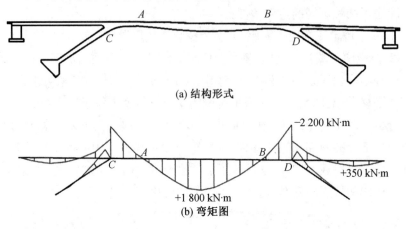

(a) 结构形式

(b) 弯矩图

图 5.20　　基尔赫姆立交桥的结构[9]

通过对基尔赫姆立交桥结构形式和弯矩图形状的比较,可以看出 BESO 设计的合理性。相对较小的弯矩发生在图 5.19(b) 中的点 A 和点 B 处,它们对应于桥梁最小的截面。图 5.19(b) 和图 5.20(b) 中的点 C 和点 D 是负弯矩最大的地方,也是出现最大桥梁截面的地方。

5.4　进一步讨论

由更小的结构内力和更均匀的内力分布这两个结构概念,可以发展出一些类似的、可以在实际中实施的物理措施。然而,更均匀的内力分布并不一定意味着更小的结构内力。在 BESO 中,优化结构主要是通过从优化体中去除没有高效使用的材料来渐进获得的,因此优化后的结构应力分布更加均匀;但由于使用的材料较少,应力值会较高。

引人入胜的是,BESO 已经在计算机中实现了一个类似的结构概念,应力分布越均匀,结构就越高效。换句话说,由 BESO 生成的结构是有效的、高效的,且可能是美观的。3 个 BESO 设计的桥梁示例表明,BESO 过程能够完成良好的工程设计,其产生的优化拓扑设计能够为实际设计提供极好的起点。令人感兴趣的是,相应的 3 个用于比较的工程实例能够从 BESO 的结果加以考虑实际情况而演变出来。

本章参考文献

［1］Huang, X. and Xie, Y. M. A Further Review of ESO Type Methods for Topology Optimisation, *Structural and Multidisciplinary Optimisation*, 41：671-683, 2010.

［2］Xie, Y. M. and Steven, G. P. A Simple Evolutionary Procedure for Structural Optimisation, *Computer and Structures*, 49：885-896, 1993.

［3］Hibbeler, R. C. *Mechanics of Materials*, Sixth Edition, Prentice-Hall Inc. , 2005.

［4］Yu, X. *Improving the Efficiency of Structures Using Mechanics Concepts*, PhD Thesis, The University of Manchester, 2012.

［5］Olierook, G. *Construction of Samuel Beckett Bridge Dublin—Ireland*, Hollandia, 2009.

［6］Ji, T. , Bell, A. J. and Ellis, B. R. *Understanding and Using Structural Concepts*, CRC Press, Taylor & Francis Group, London, 2016.

［7］Bobrowski, J. Design Philosophy for Long Spans in Buildings and Bridges, *Structural Engineer*, 64A(1), 5-12, 1986.

［8］Xie, Y. M. , Zuo, Z. H. , Huang, X. , Black, T. and Felicetti, P. Application of Topology Optimisation Technology to Bridge Design, *Structural Engineering International*, 185-191, 2014.

［9］Holgate, A. *The Art of Structural Engineering：The Work of Jorg Schlaich and His Team*, Edition Axel Menges, 1996.

第6章　更多的弯矩转化为轴向力

6.1　实施途径

1. 使用杆／弦构件创建竖向内部弹性支承

该物理措施遵循4.1节提及的提供内部弹性支承的途径。为使该途径在此更具体地沿竖直方向实现,应理解,缩短跨度是减小变形的最有效方法,但由于结构、建筑或功能要求的限制,这可能并不总是可行的。在这种情况下,在满足其他要求的同时提供竖向内部弹性支承成为极具吸引力的处理变形的解决方案。

已有多种形式的张弦梁结构被用作有效的结构类型,其中最简单的张弦梁结构如图6.1(a)所示。

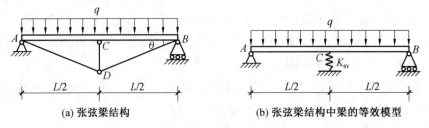

(a) 张弦梁结构　　　　　　　(b) 张弦梁结构中梁的等效模型

图6.1　竖向内部弹性支承

基本的张弦梁结构由简支梁加上由梁下受压杆件 *CD* 与拉结弦 *ADB* 所提供的竖向内部弹性支承所组成。当梁由于荷载的作用而向下变形时,受压杆件 *CD* 向下移动,在弦中产生拉力,该拉力在点 *D* 的竖向分量有效地通过杆件 *CD* 向梁提供向上的力。弦和杆对梁的作用就像一弹簧支座对梁的作用,如图6.1(b) 所示,它将梁中的部分弯矩转换为受压杆件和拉结弦中的轴向力。弦和杆在张弦梁结构中的作用已在2.2.1节中用手算示例进行考察。

2. 用倾斜杆件代替竖向杆件

柱作为竖向杆件,在框架结构中被广泛用作支承部件,几乎在每一座建筑物中都能看到,它通过受压传递竖向荷载,在无支撑框架中,通过弯曲抵抗横向荷载并传递弯矩至其基础。

当一对长杆件相互倾斜形成一三角形框架且受到作用在其顶端的竖向荷载和横向荷载时,它们主要承受轴向力。有多种方法来实现这一理想情况,其中两个是:

① 如果两根倾斜杆件位于一个竖向平面上,并将其顶部连接,它们将能够抵抗作用在顶部且在该平面内的竖向荷载和横向荷载,并主要通过轴向力将荷载传递给支座。

② 如果上述一对倾斜杆件向竖直面外倾斜一个角度,并由其他构件支承以达到平衡,则它们将主要通过轴向力抵抗平面内外的竖向荷载和横向荷载。

3. 构件定向

如果悬臂柱偏离竖直方向,柱的自重将通过弯曲传递给支座,可以利用它的自重来平衡外部荷载的部分作用。

6.2　手算示例

6.2.1　有竖向弹性支承和无竖向弹性支承的梁

本节示例展示了如何在简支梁中提供竖向内部弹性支承,使梁中的大部分弯矩转换为弹性支承系统中的轴向力,并使梁的变形和弯矩显著减小。

图 6.1 展示了两个简支梁,具有相同的跨度 L 和相同的截面刚度 E_bI,承受相同的均布荷载 q。梁 2 在其中心由竖直杆和两个倾斜的弦附加地支承组成。弦具有弹性模量 E_s 和截面积 A。为了简化分析同时抓住梁 2 的物理本质,将不考虑杆 CD 的轴向变形。梁 2 被称为梁弦结构[1]。计算并比较这两根梁中心的弯矩和挠度。

梁 1(图 6.2(a))　最大弯矩和最大挠度分别发生在梁的中心,分别为

$$M_{1C} = \frac{qL^2}{8} \tag{6.1}$$

$$\Delta_{1C} = \frac{5qL^4}{384E_bI} \tag{6.2}$$

梁 2(图 6.2(b))　梁 2 为超静定结构,需要在计算梁中心的弯矩和挠度之前确定中心受压杆向上作用的力。杆 CD 对梁的作用可以由将要确定的力 F_{CD} 来代替。图 6.3 表明了弦 BD 在变形前后的几何关系。在梁中心处的竖向挠度 Δ_{2C} 和弦 BD 的伸长量 δ 具有以下关系:

$$\delta = \Delta_{2C}\sin\theta \tag{6.3}$$

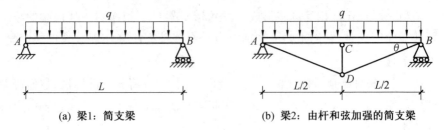

(a) 梁1：简支梁　　　　　　　(b) 梁2：由杆和弦加强的简支梁

图 6.2　两根简支梁

弦 BD 中的内力为

$$F_{BD} = \frac{E_s A \delta}{L_{BD}} = \frac{E_s A}{L_{BD}} \Delta_{2C} \sin \theta \tag{6.4}$$

AD、BD 这两根对称弦中的力在竖直方向的投影等于杆 CD 中的力：

$$F_{CD} = 2F_{BD} \sin \theta = \frac{2E_s A}{L_{BD}} \Delta_{2C} \sin^2 \theta \tag{6.5}$$

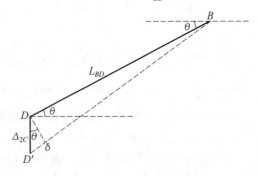

图 6.3　弦 BD 变形之前（实线）和之后（虚线）的几何关系

梁中心处的位移 Δ_{2c} 是向下均布荷载 q 和两根弦产生的向上支承力 F_{CD} 共同作用的结果，即

$$\Delta_{2C} = \frac{5qL^4}{384E_b I} - \frac{F_{CD} L^3}{48E_b I} \tag{6.6}$$

将式（6.5）中的 F_{CD} 代入式（6.6）可得

$$\Delta_{2C} = \frac{5qL^4}{384E_b I} - \frac{L^3}{48E_b I} \frac{2E_s A_s}{L_{BD}} \Delta_{2C} \sin^2 \theta \tag{6.7}$$

重新整理式（6.7），注意到 $L/2 = L_{BD} \cos \theta$，则梁 2 的最大位移为

$$\Delta_{2C} = \frac{5qL^4}{384E_b I} \frac{1}{1 + \dfrac{E_s A L^2 \sin^2 \theta \cos \theta}{12E_b I}} = \Delta_{1C} \beta \tag{6.8}$$

其中

$$\beta = \cfrac{1}{1 + \cfrac{E_s A L^2 \sin^2\theta \cos\theta}{12 E_b I}} = \cfrac{1}{1 + \cfrac{2(E_s A/L_{BD})\sin^2\theta}{48 E_b I/L^3}} = \cfrac{1}{1 + \cfrac{2K_s \sin^2\theta}{K_b}}$$

$$(6.9a)$$

又有

$$K_b = \frac{48 E_b I}{L^3}, \quad K_s = \frac{E_s A}{L_{BD}} \tag{6.9b}$$

式中　　K_b——简支梁在其中心集中力作用下的抗弯刚度；

　　　　K_s——弦 BD 的轴向刚度；

　　　　Δ_{1C}——式(6.2) 中定义的梁 1 的最大挠度。

　　式(6.8) 表示所增加的弦和杆有效地减小了原始简支梁的最大挠度,减小系数为 β。由式(6.9a) 可见,β 同弦的轴向刚度与梁的弯曲刚度之比以及弦与梁之间的角度 θ 有关。式(6.9a) 中的 $2K_s \sin^2\theta$ 可以解释为由两个倾斜弦产生的竖直方向上的弹性刚度 K_{sv}。式(6.9a) 中的减小系数和式(6.8) 中的挠度可被重新写为

$$\beta = \cfrac{1}{1 + \cfrac{2K_s \sin^2\theta}{K_b}} = \cfrac{1}{1 + \cfrac{K_{sv}}{K_b}} = \cfrac{K_b}{K_b + K_{sv}} \tag{6.10a}$$

$$K_{sv} = 2K_s \sin^2\theta = \frac{2E_s A}{L_{BD}} \sin^2\theta \tag{6.10b}$$

$$\Delta_{2C} = \Delta_{1C} \frac{K_b}{K_b + K_{sv}} \tag{6.10c}$$

　　当 $K_{sv} = 0$,即没有杆和弦时,梁 2 退化到梁 1。挠度 Δ_{2C} 取决于梁的弯曲刚度与杆和弦的竖向刚度之比。例如,当 $K_{sv} = K_b$ 时,$\beta = 1/2$,因此 $\Delta_{2C} = \Delta_{1C}/2$。

　　在引入杆和弦的竖向弹簧刚度 $K_{sv} = 2K_s \sin^2\theta$ 后,图 6.2(b) 中的梁 2 可以表示为一中心有弹簧支座的简支梁,如图 6.4 所示。杆和两根弦有效地为梁提供了内部弹性支承,可以将其转换为对梁的外部弹性支承,以研究梁的响应。

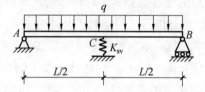

图 6.4　图 6.2(b) 中的梁 2 的等效替代表达

F_{CD}（式(6.5)中的弹簧力）可作为 Δ_{1C} 的函数写为

$$F_{CD} = \frac{2E_sA}{L_{BD}} \sin^2\theta \cdot \Delta_{2C} = K_{sv}\Delta_{2C} = \Delta_{1C}\frac{K_{sv}K_b}{K_b + K_{sv}} \quad (6.11)$$

张弦梁结构中心弯矩是均布荷载和弹簧集中力共同作用下的弯矩之和：

$$M_{2C} = \frac{qL^2}{8} - \frac{F_{CD}L}{4} = \frac{qL^2}{8} - \frac{5qL^4}{384E_bI}\frac{K_{sv}K_b}{K_b + K_{sv}}\frac{L}{4} =$$

$$\frac{qL^2}{8}\left(1 - \frac{5L^3}{4 \times 48E_bI}\frac{K_{sv}K_b}{K_b + K_{sv}}\right) =$$

$$\frac{qL^2}{8}\left(1 - \frac{5}{4}\frac{K_{sv}}{K_b + K_{sv}}\right) \quad (6.12)$$

当 $K_{sv} = 0$ 时，张弦梁结构退化为简支梁，$M_{2C} = M_{1C}$。当 $K_{sv} = \infty$ 时，图6.4 中的弹簧支座成为铰支座，梁 – 索结构成为双跨梁：

$$M_{2C} = \frac{qL^2}{8}\left(1 - \frac{5}{4}\right) = -\frac{qL^2}{32}$$

这正是跨度为 $L/2$、承受均布荷载的一端简支一端固支的梁在固定端的弯矩。

在张弦梁结构中，梁也将抵抗轴向压力以平衡弦梁连接处的弦力的水平分量，这免除了提供外部支座以平衡弦力的需要。考虑如图6.5(a)所示的拱形结构，在拱的两端需要铰支座，以平衡由拱产生的向外水平推力。如果考虑与张弦梁结构类似的拱索结构(图6.5(b))，弦拉力水平分量和拱压力水平分量在其连接点平衡。因此可以在拱的两端之一处使用滑动铰支座。

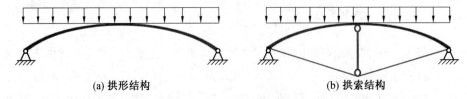

(a) 拱形结构　　　　　　　　　　　(b) 拱索结构

图6.5　两个拱结构

图6.6所示为通过给现有楼板梁增设体外折线钢拉杆以增加楼板系统的基本固有频率。某工厂的楼盖受到机器日常运转的作用，产生了严重振动，从而引起了工人们的不适。这是由于机器运转产生了楼板共振。解决方案是通过增加楼板的刚度并因此增加其基本固有频率来避免共振。在第1章中已经提到，减小结构的最大变形量意味着增加其刚度，因此增加了结构的基本固有频率。

放置柱支承可以减小梁的跨度并产生刚度更大的结构，但是由于占用和影响楼板下的使用区域，这个方法是不可行的。与图6.2(b)所示的结构类似，外加拉杆在两个垂直于梁安放的短杆(用作受压支柱)处转折并锚固在梁端。张

图 6.6　用折线钢拉杆加强楼板梁形成张弦梁结构,以增加楼板系统基本固有频率
(由中国建筑科学研究院赵基达教授提供)

拉杆在短杆处提供了向上的力,作用于支承楼板的混凝土梁上,在梁外添加的
张拉杆相当于给该梁提供了两个竖向弹性支承。这使得楼板刚度增大,改变了
其基本固有频率,避免了共振问题。

　　比较图6.1(b)中的梁和图6.6所示的实际应用,可以注意到,在实际应用
中,通过梁的高度而不是压杆的高度来创建张拉钢筋的折线外形,这相当于给
梁提供了两个竖向弹性支承而不占据梁下方的空间。实际应用的等效模型如
图6.7所示。在图6.7中,折线拉筋的作用被转换为两个竖直弹簧的作用,可用
式(6.10b)表示刚度 K_{sv} :

$$K_{sv} = \frac{2E_s A \sin^2 \theta}{\sqrt{(L/3)^2 + h^2}} = \frac{2E_s A}{\sqrt{(L/3)^2 + h^2}} \left[\frac{h}{\sqrt{(L/3)^2 + h^2}} \right]^2 \qquad (6.13)$$

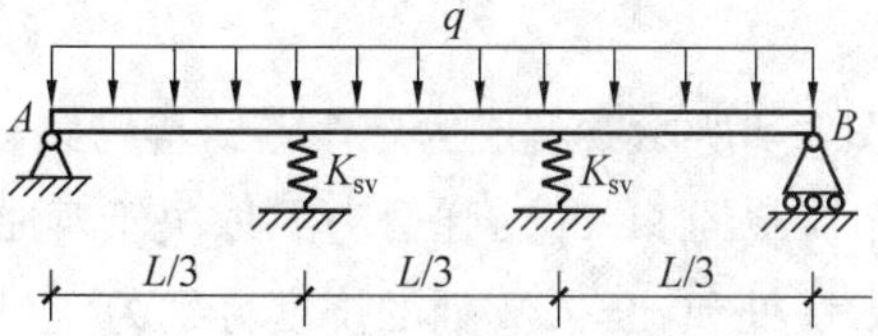

图 6.7　具有两个相等间隔竖向弹性支承的简支梁

　　张拉钢筋放置在梁的两侧(总共有两根钢筋), h 是梁的高度。具有两个弹
簧支座的简支梁是一超静定结构。如果两个弹簧力 F 可以确定,那它就成为一
个静定结构,并且可以使用有关简支梁的方程。计算简支梁在均布荷载 q 和弹
簧力 F 两个对称集中荷载作用下的挠度的基本方程分别为[2]

$$v_q(x) = \frac{qx}{24E_b I}(L^3 - 2Lx^2 + x^3) \tag{6.14}$$

$$v_F(x) = \frac{Fx}{6E_b I}\left[3Lx - 3x^2 + \left(\frac{L}{3}\right)^2\right], \quad \frac{L}{3} \leqslant x \leqslant \frac{2L}{3} \tag{6.15}$$

当 $x = L/3$ 时,由 q 和 F 引起的挠度分别为

$$v_q\left(\frac{L}{3}\right) = \frac{q\left(\frac{L}{3}\right)}{24E_b I}\left[L^3 - 2L\left(\frac{L}{3}\right)^2 + \left(\frac{L}{3}\right)^3\right] = \frac{11qL^4}{972E_b I} \tag{6.16}$$

$$v_F\left(\frac{L}{3}\right) = \frac{F\left(\frac{L}{3}\right)}{6E_b I}\left[3L\left(\frac{L}{3}\right) - 3\left(\frac{L}{3}\right)^2 + \left(\frac{L}{3}\right)^2\right] = \frac{5FL^3}{162E_b I} \tag{6.17}$$

变形在 $x = L/3$ 处的协调条件是

$$v_q\left(\frac{L}{3}\right) - v_F\left(\frac{L}{3}\right) = \frac{F}{K_{sv}} \tag{6.18}$$

这表明,当 $x = L/3$ 时,由 q 和 F 引起的挠度之差等于弹簧的弹性变形量。因此,将式(6.16)和式(6.17)代入式(6.18)得出:

$$\frac{11qL^4}{972E_b I} - \frac{5FL^3}{162E_b I} = \frac{F}{K_{sv}} \tag{6.19}$$

弹簧力 F 可由式(6.19)确定:

$$F = \frac{11qL^4}{972E_b I}\frac{K_{ba}K_{sv}}{K_{ba} + K_{sv}} = \frac{11qL}{30}\frac{K_{sv}}{K_{ba} + K_{sv}} \tag{6.20a}$$

$$K_{ba} = \frac{162EI}{5L^3} \tag{6.20b}$$

式中　　K_{ba} —— 均匀简支梁与荷载位置有关的弯曲刚度,它是梁在 $x = L/3$,$x = 2L/3$ 处受两个对称竖向单位荷载时在 $x = L/3$ 处竖向变形量的倒数。

当 $K_{sv} = \infty$ 时,图6.7所示梁就成为一个三跨等跨梁,位于梁中部的两个滑动支座各承受总均布荷载的 11/30。弹簧力 F 取决于弯曲刚度 K_{ba} 和弹簧刚度 K_{sv} 之比。在梁 $x = L/3$ 处和 $x = L/2$ 处的挠度分别为

$$\Delta_{L/3} = \frac{F}{K_{sv}} = \frac{11qL}{30}\frac{1}{K_{ba} + K_{sv}} \tag{6.21}$$

$$\Delta_{L/2} = \frac{5qL^4}{384E_b I} - \frac{23L^3}{432E_b I}\frac{11qL}{30}\frac{K_{sv}}{K_{ba} + K_{sv}} =$$

$$\frac{5qL^4}{384E_b I}\left(1 - \frac{1\ 012}{675}\frac{K_{sv}}{K_{ba} + K_{sv}}\right) \tag{6.22}$$

为了了解内部弹性支承的作用,考虑结构具有以下基于图 6.6 的估计参数:梁的跨度为 $L = 6$ m,梁的横截面为 $b = h = 0.5$ m,截面惯性矩为

$$I = 0.5 \times \frac{0.5^3}{12} \approx 5.208 \times 10^{-3} (\text{m}^4)$$

混凝土梁的弹性模量和折线钢筋的弹性模量分别为 $E_b = 30 \times 10^9$ N/m^2 和 $E_s = 210 \times 10^9$ N/m^2;钢筋的直径为 20 mm,其面积为 $A = 314 \times 10^{-6}$ m^2。包括梁自重在内的静荷载为 $q = 100\ 000$ N/m。使用之前导出的式(6.20b)、式(6.13)、式(6.20a)、式(6.21)、式(6.14)、式(6.15) 和式(6.22) 可得到:

$$K_{ba} = 2.344 \times 10^7 \text{ N/m} \qquad (\text{原 } 6.20\text{b})$$

$$K_{sv} = 3.763 \times 10^6 \text{ N/m} \qquad (\text{原 } 6.13)$$

$$F = 30\ 436 \text{ N} \qquad (\text{原 } 6.20\text{a})$$

$$\Delta_{L/3} = 8.09 \text{ mm} \qquad (\text{原 } 6.21)$$

$$v_q(L/2) = 10.8 \text{ mm} \qquad (\text{原 } 6.14)$$

$$v_F(L/2) = -2.24 \text{ mm} \qquad (\text{原 } 6.15)$$

$$\Delta_{L/2} = v_q(L/2) - v_F(L/2) = 10.8 - 2.24 = 8.56 \ (\text{mm}) \qquad (\text{原 } 6.22)$$

使用公式(1.9) 可以估计使用折线拉筋之前和之后梁的基本固有频率:

$$f_{bf} = 17.75 \sqrt{\frac{1}{v_q\left(\dfrac{L}{2}\right)}} = 17.75 \times \sqrt{\frac{1}{10.8}} \approx 5.40 \ (\text{Hz})$$

$$f_{af} = 17.75 \sqrt{\frac{1}{\Delta\left(\dfrac{L}{2}\right)}} = 17.75 \times \sqrt{\frac{1}{8.56}} \approx 6.07 \ (\text{Hz})$$

两个基本固有频率的比值为

$$\frac{f_{af}}{f_{bf}} = \frac{6.07}{5.40} \approx 1.12$$

可以注意到,使用受拉折线形钢筋可将该梁的基本固有频率增加 12%,这足以解决共振问题[3]。

6.2.2　由竖向和倾斜杆件支承的刚性板

本节示例将验证:与竖向杆件相比,倾斜杆件通过将弯矩转换为轴向力来抵抗横向变形的有效性和高效性。

图 6.8 展示了 3 种结构模型,其中刚性板由 4 个均匀的杆件支承。这 3 种结构具有相同的高度 h,并且所有杆件具有相同的弹性模量 E、相同的半径 R 和管

厚度为 t 的圆形管状截面。它们在板水平方向受到相同的横向力 P。模型 1 是典型的框架结构,其中 4 根竖向杆件一端与刚性板刚接,一端与地面固接。在模型 2 中,刚性板由 4 根与竖直面倾斜 θ 角度的杆件支承,杆件与板和地面均为铰接,因此这些杆件仅受拉力或压力。模型 3 具有与模型 2 相同的几何形状,但具有刚性连接。以下计算比较这 3 种模型的横向变形。

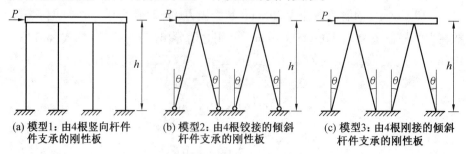

(a) 模型1:由4根竖向杆件支承的刚性板　　(b) 模型2:由4根铰接的倾斜杆件支承的刚性板　　(c) 模型3:由4根刚接的倾斜杆件支承的刚性板

图 6.8　由 4 根杆件支承的刚性板

这 3 种模型的相对刚度可以用结构概念定性地评估,**弯矩被转换为轴向力越多,变形越小**。当荷载 P 通过 4 根竖向杆件中的弯曲和剪切传递到地面时,模型 1(图 6.8(a))将经历 3 种模型中的最大横向变形。由于铰接,模型 2(图 6.8(b))通过仅承受拉伸和压缩的倾斜杆件将荷载 P 传递到地面,这远远比通过弯矩传递更有效,并且如所期望的,模型 2 的横向变形会远比模型 1 的横向变形小。模型 3 通过轴向力和弯矩传递荷载 P。模型 2 和模型 3 之间的差异是在杆件末端处的连接。由于模型 3(图 6.8(c))具有比模型 2 更强的连接,因此预期模型 3 将经历比模型 2 更小的变形。在定性评估之后,可以进行详细分析以量化 3 种模型抵抗横向变形的能力。

模型 1　由 4 根竖向杆件支承的刚性板(图 6.8(a))。

由于竖向杆件的两端与板和地面刚性连接,所以 4 根杆件中的每一根杆件的横向刚度是 $12EI/h^3$。因此,由于荷载 P 引起的模型 1 的横向变形量为

$$\Delta_1 = \frac{Ph^3}{48EI} \tag{6.23}$$

模型 2　由 4 根铰接的倾斜杆件支承的刚性板(图 6.8(b))。

刚性板由两个完全相同的倒 V 形框架支承。每对倾斜杆件承载横向荷载 P 的一半,因此只需要分析其中一个倒 V 形的两根杆件。图 6.9 展示了一个倒 V 形结构的受力和内力,并给出了内力的方向。

两根杆件内力的 N_A 和 N_B 可由平衡方程确定:

$$\begin{cases} N_A \sin\theta + N_B \sin\theta = \dfrac{P}{2} \\ -N_A \cos\theta + N_B \cos\theta = 0 \end{cases} \qquad (6.24)$$

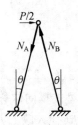

图6.9　顶部节点上的外力和内力

解方程可得

$$N_A = N_B = \frac{P}{4\sin\theta} \qquad (6.25)$$

当 $P/2$ 被单位力取代时,两根杆件相应的内力为

$$\overline{N}_A = \overline{N}_B = \frac{1}{2\sin\theta} \qquad (6.26)$$

模型 2 的横向位移可以使用式(2.14)来计算:

$$\Delta_2 = \sum \frac{N_i \overline{N}_i L}{EA} = \frac{1}{EA} \frac{P}{4\sin\theta} \cdot \frac{1}{2\sin\theta} \cdot \frac{h}{\cos\theta} \times 2 = \frac{Ph}{4EA} \frac{1}{\sin^2\theta\cos\theta}$$

$$(6.27)$$

模型 3　由 4 根刚接的倾斜杆件支承的刚性板(图 6.8(c))。

模型 3 与模型 2 相似,但杆件与板及地面的连接是刚性的。从有限元分析[4]的倾斜梁单元刚度矩阵中可以直接得到模型 3 在横向的平衡方程。当在杆件的顶部节点处仅考虑横向变形时:

$$4\left(\frac{EA}{L}\sin^2\theta + \frac{12EI}{L^3}\cos^2\theta\right)\Delta_3 = P \qquad (6.28)$$

式中　　L——倾斜杆件的长度,可表示为 $h/\cos\theta$;

括号内的项——单根倾斜等截面杆的横向刚度。

解方程得

$$\Delta_3 = \frac{P}{4\left(\dfrac{EA}{L}\sin^2\theta + \dfrac{12EI}{L^3}\cos^2\theta\right)} = \frac{P}{4\left(\dfrac{EA}{h}\sin^2\theta\cos\theta + \dfrac{12EI}{h^3}\cos^5\theta\right)} \qquad (6.29)$$

当刚接变为铰接,即杆件不能传递弯曲时,$I=0$,式(6.29)简化为模型 2 对应的式(6.27)。当 $\theta = 0°$ 时,倾斜杆件变为竖向杆件,式(6.29)简化为模型 1 对应的式(6.23)。比较式(6.27)和式(6.29),可以看出,当 $0 \leq \theta < 90°$,$\Delta_3 < \Delta_2$ 时:

$$\Delta_3 = \frac{P}{4\left(\dfrac{EA}{h}\sin^2\theta\cos\theta + \dfrac{12EI}{h^3}\cos^5\theta\right)} =$$

$$\frac{Ph}{4EA\sin^2\theta\cos\theta}\frac{1}{1 + \dfrac{3I}{Ah^2}\cot^2\theta\cos^2\theta} =$$

$$\Delta_2 \frac{1}{1 + \dfrac{3I}{Ah^2} \cot^2\theta \cos^2\theta} < \Delta_2 \tag{6.30}$$

在式(6.23)、式(6.27)和式(6.29)中表达了这 3 种模型的横向位移。3 种模型的横向位移比可以通过在 $R \gg t$ 的情况下将圆管截面特征 $I = \pi R^3 t$ 和 $A = 2\pi Rt$ 代入以上方程来获得:

$$\frac{\Delta_2}{\Delta_1} = \frac{Ph}{4EA} \frac{1}{\sin^2\theta\cos\theta} \cdot \frac{48EI}{Ph^3} = \frac{12I}{Ah^2} \frac{1}{\sin^2\theta\cos\theta} =$$
$$\frac{6R^2}{h^2} \frac{1}{\sin^2\theta\cos\theta} \tag{6.31}$$

$$\frac{\Delta_3}{\Delta_1} = \frac{6R^2}{h^2} \frac{1}{\sin^2\theta\cos\theta} \frac{1}{1 + \dfrac{3R^2}{2h^2} \cot^2\theta \cos^2\theta} \tag{6.32}$$

$$\frac{\Delta_3}{\Delta_2} = \frac{1}{1 + \dfrac{3R^2}{2h^2} \cot^2\theta \cos^2\theta} \tag{6.33}$$

考虑 $R = 100$ mm,$h = 4\,000$ mm 和 8 000 mm,$\theta = 5°$、$10°$、$15°$、$30°$ 和 $45°$ 的情况,表 6.1 中列出了基于式(6.31)~(6.33)的位移比。

表 6.1　不同倾角和不同高度时 3 种模型横向的位移比

位移比	$h = 4\,000$ mm				
	$\theta = 5°$	$\theta = 10°$	$\theta = 15°$	$\theta = 30°$	$\theta = 45°$
Δ_2/Δ_1	0.495 6	0.126 3	0.057 96	0.017 32	0.010 61
Δ_3/Δ_1	0.441 9	0.122 6	0.057 26	0.017 28	0.010 60
Δ_3/Δ_2	0.891 6	0.971 6	0.988 0	0.997 9	0.999 5
位移比	$h = 8\,000$ mm				
	$\theta = 5°$	$\theta = 10°$	$\theta = 15°$	$\theta = 30°$	$\theta = 45°$
Δ_2/Δ_1	0.123 9	0.031 5	0.014 48	0.004 330	0.002 652
Δ_3/Δ_1	0.120 2	0.031 3	0.014 44	0.004 328	0.002 651
Δ_3/Δ_2	0.970 5	0.992 7	0.997 0	0.999 4	0.999 9

从表 6.1 中可以看出,对于所研究的模型:

① 将弯矩转换为轴向力,极大地增加了结构的刚度,显著减小了由于横向荷载而产生的变形量。对于 $h = 4\,000$ mm 和 $\theta = 15°$,减少量约为 94%。

② 即使是小的倾斜角(5°,相对于竖直方向),当 $h = 4\,000$ mm 时横向位移仍可减小超过 50%,当 $h = 8\,000$ mm 时横向位移仍可减小超过 87%。

③ 当倾斜角大于等于 10° 时,倾斜杆件的刚性连接对于减小横向位移的作用可以忽略不计。

④ 当结构变得更高时,倾斜杆件变得能够比普通立柱更有效地抵抗横向位移。当 $h = 8\,000$ mm 和 $\theta = 15°$ 时,模型 2 与模型 1 的位移比仅约为 0.014,对于模型 2 和模型 3,刚接和铰接之间的差异很小。

这 3 种模型的定量分析,为解释能够有效地使用倾斜杆件替换竖向杆件,来支承上部结构以抵抗侧向变形提供了理论基础。因此,可以得出这样的结论:在可能的情况下,由于包含了第四个结构概念,使用倾斜铰接杆件代替常规竖直柱是非常有效和高效的。

6.3　工程实例

6.3.1　有内部竖向弹性支承的结构

1. 英国曼彻斯特斯平宁菲尔德步行桥(Spinningfields Footbridge)

英国曼彻斯特斯平宁菲尔德步行桥步行桥横跨艾威尔河,连接曼彻斯特的斯平宁菲尔德和索尔福德的新贝利,跨度为 44 m,于 2012 年建成。 从图 6.10(a) 可以看出,该步行桥有一个轻巧悦目的外观。步行桥由桥面、一组梁、一系列支柱和一根拉索(或拉筋) 组成。支柱提供拉索和梁之间的连接以支承桥面(图 6.10(b)),不同高度的支柱确定了桥梁的轮廓。

(a) 全景　　　　　　　　　　(b) 拉索、支柱、梁及桥面之间的关系

图 6.10　英国曼彻斯特斯平宁菲尔德步行桥

桥梁整体受弯,拉索受拉,而在桥面下一圆形截面的梁则主要承受压力,以平衡竖向荷载引起的弯矩。拉索与圆截面梁之间的距离在桥梁中心处最大,并向桥梁支座方向逐渐减小,这反映了简支梁在均布荷载作用下弯矩图的轮廓。

直接支承桥面的圆形截面梁由一系列相当于竖向弹性支座的立柱支承,有效地减小了梁的弯矩和变形。

为了更好地理解步行桥的结构,考虑两个仍然能把握步行桥物理本质的简化模型,如图6.11(a)(b)所示。模型1为受均布荷载作用的简支梁,模型2为张弦梁。用于分析的基本数据是跨度 $L = 40$ m、弹性模量 $E = 200 \times 10^9$ N/m^2 和均布荷载 $q = 10$ kN/m,索呈抛物线形,垂度为 2 m。假定梁截面为 $b \times h = 800$ mm $\times 400$ mm 的实心截面,支柱、拉索截面为直径分别为 80 mm 和 40 mm 的实心圆形截面。7 根支柱沿梁的长度按垂度为 2 m 的抛物线均匀分布,间隔为 5 m。

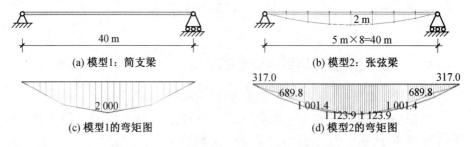

(a) 模型1:简支梁   (b) 模型2:张弦梁

(c) 模型1的弯矩图   (d) 模型2的弯矩图

图 6.11   张弦梁结构的有效性和高效性

图6.11(c)和图6.11(d)分别为简支梁和张弦梁结构的弯矩图,最大值分别为 2 000 kN·m 和 1 135 kN·m。这两种模型的相应最大挠度分别为 0.391 m 和 0.193 m。这些结果表明,张弦梁系统可以设计得比相应的梁系统轻得多。

张弦梁结构还常用于屋顶结构[①]。图 6.12(a) 和图 6.12(b) 表明,中国上海浦东机场 1 号候机厅的屋顶结构由一系列张弦梁组成,可以很容易地识别出弦和柱。从图6.12(b)还可以看出几根锚定在柱上的斜拉索,这些斜拉索在屋顶的两个水平方向增加了结构的横向刚度,并提供了垂直抗拔风荷载的能力。

[①]张弦梁结构为一种具有内部弹性支承的结构,此处以中国上海浦东机场 1 号候机厅为实例作为其在其他应用方向的补充说明(译者注)。

(a) 由一系列张弦梁构成的屋顶　　　　　(b) 斜拉索，可增加屋顶的横向刚度，
　　　　　　　　　　　　　　　　　　　　并提供垂直抗拔风荷载的能力

图 6.12　　中国上海浦东机场 1 号候机厅的屋顶结构

2. 中国北京 2008 年奥运会羽毛球馆屋顶

6.3.1 节 1. 中描述的步行桥和候机厅屋顶的张弦梁结构为平面、二维结构。然而，有些张弦梁结构已经发展成为三维结构，形成所谓的弦支网壳结构[5,6]。2008 年北京奥运会羽毛球馆屋顶（图 6.13）是一个横跨 98 m 的弦支承壳顶。

图 6.13　　北京 2008 年奥运会羽毛球馆屋顶

为了理解该场地屋顶的结构组成和行为，在图 6.14 中给出了类似的但更简单的示例。屋顶由单层壳体组成，在环向和径向两个方向上都有撑杆和缆索。撑杆的顶端连接到壳体上，它们的下端与径向缆索和环向缆索连接。由图 6.14(a) 可知屋顶有三层环向缆索。

弦支承壳顶的横截面（图 6.14(a)）看起来像一个由 3 个不同水平的撑杆支承的拱。屋顶结构的荷载路径或内力路径是直接和清晰的。施加在壳体上的大部分外部荷载传递到撑杆并通过撑杆传递到缆索。最高的径向、环向缆索像一平面张弦梁结构(图6.12(a))。来自两个撑杆的力在其连接点处被平衡到径向缆和环向缆索,并由径向缆索传递到在下一个较低高度的撑杆。这种类型的力陆续传递到最底层的撑杆。环向缆索的功能是定位撑杆和径向缆索,并允许撑杆向壳体提供竖向弹性支承。最低的径向缆索向支座施加拉力,试图向内拉动支座,然而壳体受压,试图向外推动支座。因此,这两组力局部自平衡,并在环梁上产生较小的作用力。由于撑杆受到径向缆索和环向缆索的支承作用,因此它们充当外壳的竖向内部弹性支承,这使得壳内力较小并因此产生较小的变形。通过向结构构件施加预应力以产生构件内力,来抵消部分由外部荷载引起的内力,可以进一步改善弦支承壳顶的性能,使结构更有效。

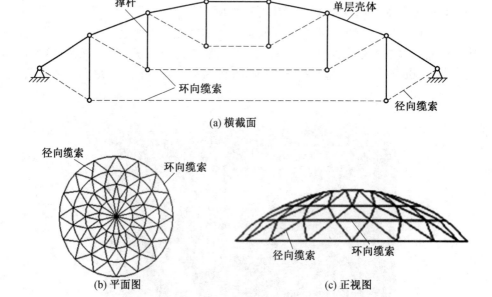

图6.14　弦支承壳顶[5](由天津大学陈志华教授提供)

　　对弦支承壳顶的分析需要使用计算机,但是也可以使用6.2.1节中考查的张弦梁结构的示例来阐明弦支承壳顶的大部分结构性能。

　　回顾北京2008年奥运会羽毛球馆,图6.15(a)和图6.15(b)为其屋顶的平面图和横截面图。如图6.15(b)所示,羽毛球馆在单层壳体下有5圈不同水平的环向缆索,通过径向缆索与撑杆和壳体相连。在施工中,给环向缆索施加预应力使得径向缆索中产生拉力,在支承单层壳体的撑杆中产生压力。为了使施工过程更加方便,在每根环向缆索中设置了4个张拉点以减少撑杆与缆索之间的连接摩擦。图6.15(c)显示了撑杆、环向缆索和两根径向缆索之间的典型连接,表明了内力路径。

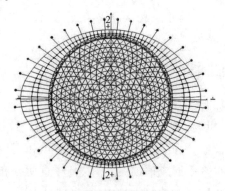

(a) 羽毛球馆屋顶平面图

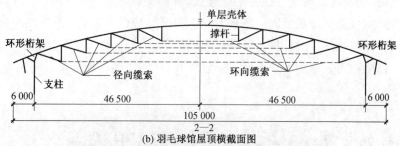

(b) 羽毛球馆屋顶横截面图

(c) 一根环向缆索、两根径向缆索和撑杆之间的连接

图 6.15 北京 2008 年奥运会羽毛球馆①

（由北京工业大学张爱林教授提供）

① 图 6.15(b) 中单位为 mm(译者注)。

位于5个不同高度的径向缆索、环向缆索和撑杆的定位和支承作用,为圆屋顶提供了许多竖直的内部弹性支承,屋顶能够覆盖一个巨大的区域而不使用任何类似柱子的内部支承。

6.3.2 由倾斜杆件支承的结构

1. 支承上部建筑的三种形式

图6.16(a)为一机场候机厅的外部视图。可以看出,其屋顶由细长的倾斜杆件支承,杆件两端铰接,因此仅承受轴向力。屋顶和楼板通常由立柱和水平梁支承,这些立柱和水平梁形成框架结构,以将竖直荷载和横向荷载传递至支座。例如,图6.16(b)所示的建筑结构中,其立柱是主要承重构件,外露的柱支承建筑的上层,柱的两端可视为刚性连接,柱的横截面尺寸和相邻柱之间的距离使人感觉该建筑物很坚固。图6.16(a)和图6.16(b)中支承系统的组合(铰接倾斜杆件和刚接竖向杆件)导致了倾斜杆件刚性连接。图6.16(c)所示建筑的上部结构由一系列V形或倒V形柱支承,柱的底部和顶部接近刚性连接。

(a) 由铰接倾斜杆件支承的机场候机厅屋顶

(b) 刚接竖向杆件支承建筑物的上部结构

(c) 刚接倾斜杆件支承建筑物的上部结构

图6.16　3个支承系统的比较

在6.2.2节中定性和定量地研究的3种模型(图6.8)是从图6.16所示的3种结构中提取出来的,这表明倾斜杆件的使用对于抵抗横向荷载是非常有效的。候机厅的屋顶(图6.16(a))高度超过20 m,表6.1中的结果显示,随着高度的增加,倾斜杆件变得更加有效和高效。

2. 多伦多安大略艺术与设计学院

图6.17展示了多伦多夏普设计中心,这是多伦多安大略省艺术与设计学院(OCAD)的扩展。它看起来像一个巨大的长方形实体,实际上是一座两层楼的建筑物,长80 m,宽30 m。从远处看,这个长方体看上去好像是浮在地面上的一个桌面,因为它只由为数不多的细长杆件和在地面与长方体之间用于支承楼梯的悬臂混凝土墙支承。

图6.17　多伦多夏普设计中心

(经德国的 Nicolas Janberg 先生允许,引自 structurae. net)

长方体实际上由12根29 m长的钢柱支承,每根钢柱的直径为914 mm,壁厚为25 mm,看似是随机布置的[7]。12根钢柱形成6对三角形布置的构架以获得更好的稳定性和横向抗力。钢柱在上端和下端是锥形的,这表明它们与长方体和地面铰接,充当压缩杆件而不是弯曲杆件。前面两对构架竖直摆放且与在纵向(较长)方向上的中心轴线成 ±45°,并彼此互相垂直,它们除了为长方体提供竖向支承外还提供了两个水平方向的刚度。中间两对三角形构架仅沿横向(较短)倾斜,因此提供了此方向上的刚度。由于混凝土楼梯相对该长方体位置不对称,另外两对构架沿纵向布置在混凝土核心对面,并且在横向上向内倾斜,所以在横向和纵向两个方向上提供水平刚度。这两对构架的放置补偿了尺寸大、刚度大的混凝土楼梯不对称布置的影响,混凝土核心也在横向和纵向两个方向上提供了水平刚度。

乍一看,令人费解的是,12 根细长的倾斜(纵向上)杆件如何能够安全地支承夏普设计中心的大型结构? 然而,表 6.1 中的结果有效地解释了采用细长倾斜铰接构件代替传统柱的技术可行性。

3. 伦敦希斯罗机场 5 号航站楼

另一个使用细长、倾斜的铰接杆件代替竖直柱的好例子在希斯罗机场 5 号航站楼,如图 6.18(a) 所示。沿玻璃幕墙布置的一系列成对的细长倾斜杆件用以支承上部结构体系,包括大跨度梁和航站楼屋顶。考察图 6.18(a) 所示的由 6 根倾斜杆件连接组成的典型单元。一对形成三角形的长钢管沿纵向(较长)方向布置在玻璃幕墙旁边,在横向上向内倾斜。这两根管的底端与地基铰接,而其顶端则与两对倾斜钢管铰接。 左上角较短的一对倾斜杆件的顶部(图 6.18(a))在两个相邻的屋顶梁的两端提供支承,并由一水平拉杆连接(图 6.18(b))。 较长的一对倾斜钢管为两个屋顶梁提供了内部支承,并为用来加强屋顶梁的缆索提供了端支座。一水平拉杆连接两根较长倾斜杆件的顶部,这不仅形成了三角形,以将两较长杆件在纵向固定,而且还为两个屋顶梁提供了横向支承。

(a) 一系列成对的倾斜杆件与支撑屋顶结构的　　　　(b) 两对上部倾斜杆件为两个相邻的
　　两对上部倾斜杆件　　　　　　　　　　　　　　　屋顶梁提供4个支座

图 6.18　希斯罗机场 5 号航站楼支持大跨度屋顶的铰接倾斜杆件

这 3 对倾斜杆件、2 根水平拉杆和 2 根屋顶梁构成了一个稳定、平衡、相互支承的体系。长钢杆件不仅用于支承上部 2 对倾斜杆件,还支承着 2 根屋顶梁。长钢杆件的顶部由 2 对倾斜的上部杆件的下端定位和支承,而这 2 对倾斜杆件的顶部则由 2 根屋顶梁和 2 根水平拉杆定位和支承。

在航站楼建筑的巨大空间（图 6.18）中，这些长倾斜杆件显得纤细且稀疏。倾斜杆件受轴向力作用而不是弯曲作用，这正如 6.2.2 节所讲，该航站楼是由 2 根屋顶梁、6 根倾斜杆件和 2 根水平拉杆构成互为支承的系统。

6.3.3　利用结构自重 —— 西班牙塞维利亚阿拉密洛桥 （Alamillo Bridge）

Alamillo 桥是一个众所周知的利用结构自重的例子，其塔架的自重被用来平衡桥面的自重和桥梁上的部分活荷载。如图 6.19 所示，Alamillo 桥是一座斜拉桥，是 1992 年世博会期间为改善塞维利亚城外拉卡图亚岛的基础设施而建造的六座桥梁之一[8,9]。该桥跨度为 200 m，除了两端支座外，还有均距为 12 m 的 13 对拉索支承。

图 6.19　Alamillo 桥（由瑞典的 Per Waahlin 先生提供）

其设计的最初想法来自 Santiago Calatrava，让支承桥面的拉索中的力通过向后倾斜 58° 的大型钢筋混凝土塔架的巨大自重来平衡，而不是传统上使用的后拉索[8]。该设计思想如图 6.20 所示。

一般情况下，斜拉桥的索塔是竖向杆件，索塔两侧设置拉索，索塔将拉索对塔产生的压力和弯矩传递到塔的基础。两组拉索在索塔上产生的横向力分量方向相反且局部自平衡，从而使塔内的弯矩变小。该斜拉桥的独特设计（图 6.20）对传力路径有两种影响：

① 整体上，索塔的重量被设计成用来平衡来自桥身的部分荷载，包括自重

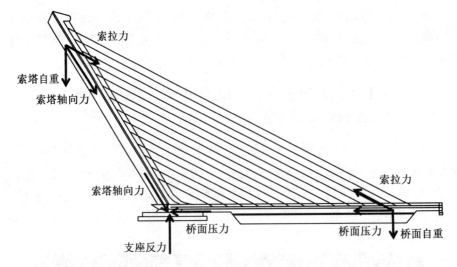

图6.20 在阿拉密洛桥上的主要作用力(根据本章参考文献[9]图2绘制)

和活荷载。

② 在局部情况下,索塔自重和由桥面荷载产生的拉索力的合力通过索塔的中轴线,这使得塔架主要受到压力而不是弯矩。换句话说,索塔自重产生的弯矩部分地平衡了由索拉力引起的塔内弯矩,从而将塔内的弯矩转化为塔内的压力。

要完全做到这一点,需要一个极大尺寸和质量的塔架来平衡桥面力并在塔架上创造仅有压力的理想状态。理论上,对于一个特殊的加载情况,有可能实现自平衡和理想的内力状态。然而,对于在土木工程结构设计中需要考虑的各种荷载情况下的桥梁,在桥塔的设计中总是需要考虑一些弯矩。但该索塔的想法确实有助于减小塔架的弯矩。

6.4　进一步讨论

对受竖向荷载作用的 Y 形柱和受横向荷载的倾斜杆件在4.2.2节和6.2.2节中分别进行了定量和独立的考察。从这两个部分得到的结论可以用来判断现有结构的行为。如图6.21所示,在英国曼彻斯特斯平宁菲尔德1号可以看到大的 V 形/Y 形支柱。随着高度的增加,倾斜杆件的截面逐渐变小,给人的印象是倾斜杆件的上端弯矩最小,下端弯矩最大,即杆件变化的截面似乎表明它们受到了弯曲。构件的顶部支承并连接到楼板梁,从而抑制在竖向荷载作用下 V 形杆件两个顶端之间的相对横向变形。4.2.2节中有水平拉杆 Y 形柱的示例表明,由于竖向荷载的作用,斜臂主要受压力而不是弯矩作用。考虑横向荷载作用,当将 Y 形柱支承的楼板视为刚性板时,Y 形柱与图 6.8(c)所示的例子相似。表 6.1 显示,当杆件倾斜角为 45° 时,杆件内的弯矩很小,因此从结构角度看,Y 形柱的臂可以设计成一个恒定的截面。

图 6.21　英国曼彻斯特斯平宁菲尔德 1 号可变截面的 V 形/Y 形柱臂

　　前几个章节中提到的措施可联合使用以实现更有效的结构。图 6.22 所示为中国西安北火车站候车厅,其屋顶为大跨度轻钢折叠板结构,尽管隐藏在吊顶后面,但仍可看到屋顶的支承。图 6.22(b)所示为屋顶结构中一个支承的近照。与柱顶部连接的 4 根倾斜杆件为屋顶网格结构提供了 4 个外部铰支座,以使柱之间能有更大的距离。

(a) 屋顶和支承仰视图　　　　　　　　　(b) 典型的Y形柱支承和外伸悬臂

图 6.22　中国西安北火车站候车厅屋顶支撑

　　该屋顶结构采用的措施包括:采用外伸悬臂以减小支座之间的跨度,使用 Y 形柱为屋顶提供更多的支承点以及倾斜的轴向力杆件。

本章参考文献

［1］Saitoh, M. and Okada, A. The Role of String in Hybrid String Structure, *Engineering Structures*, 21, 756-769,1999.

［2］Gere, J. M. and Timoshenko, S. P. *Mechanics of Materials*, PWS – KENT Publishing Company, USA, 1990.

［3］Ji, T., Bell, A. J. and Ellis, B. R. *Understanding and Using Structural Concepts*, Second Edition, Taylor & Francis, USA, 2016.

［4］Cook, R. D., Malkus, D. S. and Plesha, M. E., *Concepts and Applications of Finite Element Analysis*, John Wiley & Sons, USA, 1989.

［5］Chen, Z. *Cable Supported Domes*, Science Press, Beijing, China, 2010.

［6］Zhang, A. Olympic Badminton Area: Cable Suspended Dome, *The Structural Engineer*, 85(22), 23-24, 2017.

［7］Silver, P., Mclean W. and Evans,P. *Structural Engineering for Architects: A Handbook*, Laurence King Publishing Ltd., London, 2013.

［8］Aparicio, A. C. and Casas, J. R. The Alamillo Cable-Stayed Bridge: Special Issues Faced in the Analysis and Construction, *Structures & Buildings*, *the Proceedings of Civil Engineers*, 122,432-450, 1998.

［9］Guest, J. K., Draper, P. and Billington, D. P. Santiago Calatrava's Alamillo Bridge and the Idea of the Structural Engineer as Artist, *ASCE*, *Journal of Bridge Engineering*, 18(10), 936-954, 2013.

第 7 章　结束语

7.1　理论与实践之间的层级关系

第 2 ～ 6 章的内容可归纳为图 7.1 所示的层级关系,其中列出了这些章节中的部分实例。

图 7.1 显示了从理论(虚功原理)到 4 个结构概念,然后到多个实现这些结构概念的实施途径,最后到许多工程实例间的路径和联系。这表明这 4 个结构概念在结构抗变形设计方面有着广泛的应用。值得注意的是,这一观点适用于其他结构概念,因为良好的结构概念可以产生广泛而合理的应用。

图 7.1 还表明了理论与实践之间的一种关系,即从理论向下过渡到工程实例。然而,图 7.1 中的箭头也可以反转,以另一种关系形式呈现,即从工程实例向上过渡到理论。换言之,实施途径可以从工程实例中识别出来,结构概念可以从实施途径中抽象出来。理论和实践之间的向下和向上的关系是相辅相成的,既丰富了实际应用,也促进了理论研究。本书的陈述是从理论到实践,并在结构概念的基础上总结和发展了相应的具体实施途径。

然而,一些实施途径是工程师们凭结构直觉创造出来的,以解决在实践中遇到的问题。例如,为了减少 5.3.2 节 2.(图 5.13)中讨论的瑞利竞技馆的两个倾斜拱对基础的水平推力,在两个拱的两端之间提供了拉索,以平衡部分推力,因此基础受拱的水平推力大为减小。进一步研究拉索的作用,产生了内力自平衡和提供内部弹性支承的实施途径,进而形成结构内力越小,结构的变形就越小的结构概念。

图 7.1 看起来也像一棵倒置的知识树,可以将其与自然树进行比较,如图 7.2 所示。

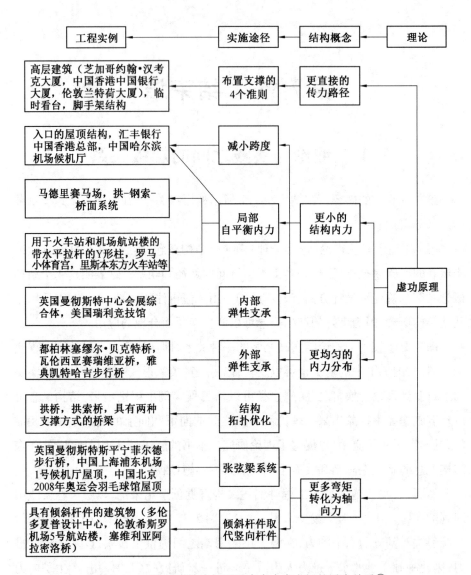

图 7.1　理论和实践之间以及本书内容之间的层次关系①

---

①图 7.1 中"入口的屋顶结构"指英国北约克郡喷泉修道院新入口的屋顶结构;"拱 – 钢索 – 桥面系统"指英国曼彻斯特的索尔福德码头升降桥及一座用于轨道电车的拱桥;"拱桥"指 5.3.3 节"下承式桥梁"中的实例;"拱索桥"指 5.3.3 节"中承式桥梁"中的实例;"具有两种支撑方式的桥梁"指 5.3.3 节"有厚度限制的某大跨度步行桥"中的实例(译者注)。

树叶，果实　　　　　　　　　　　工程实例

树枝　　　　　　　　　　　　实施途径和具体措施

树干　　　　　　　　　　　　4个结构概念

树根　　　　　　　　　　　　虚功原理

图 7.2　本书的知识树

本书讨论的 4 个结构概念就像树干，它是基于虚功原理，在进行直觉解读后发现的，而虚功原理则是富足的树根。这 4 个结构概念为创造性的结构抗变形设计提供了基础，适合高层建筑、大跨度桥梁／屋顶和其他对变形敏感的结构。就像树枝从树干上生长出来那样，对这些概念的实施途径和具体措施可以从这 4 个结构概念中得出。类似于树，可以从主干和现有分支中扩展出更多的分支，从 4 个结构概念中也可以开发出不同的实施途径，也可以从新的或者现有的实施途径中演化出更多新的具体措施。树枝越多，果实和树叶就会越多。同样，更多实施途径和具体措施就会得到更多具有创意的应用。换句话说，结构工程师有机会发展新的实施途径，创造新的物理措施或使用现有的物理措施以实现具有更小的结构变形，并发展出更有效、更高效和更美观的结构。

7.2　内容间的逻辑关系

本书中应用了 5 个基本准则(SEEMS)建立了本书的基础并发展了内容之间的逻辑关系。这 5 个准则是：

① 寻求新的联系(Seeking New Connections)。

② 探索新的意义(Exploring New Meanings)。

③ 化繁为简(Simplicity)。

④ 发展直觉理解(Evolving into Intuitive Understanding)。

⑤ 进行广泛而富有创意的应用(Making Wide and Creative Applications)。

图 7.3 的流程图总结了 SEEMS 在书中的应用。

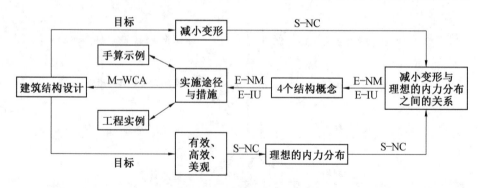

图 7.3 嵌入 SEEMS 的抗挠曲结构设计方法

S – NC—Seeking New Connections；E – NM—Exploring New Meanings；E – IU—Evolving into Intuitive Understanding；M – WCA—Making Wide and Creative Applications

寻求新的联系(S – NC)：设计者期望建筑物的设计能够满足所有的结构要求，包括变形，并且有效、高效甚至美观，但是变形与结构的有效、高效和美观（后三者简称为 3E）之间可能没有明显的联系。有助于实现结构 3E 的途径之一是使结构具有理想的内力分布。许多出色的工程项目表明，有效、高效和美观的结构都具有理想的内力分布[1-3]。这表明了结构的 3E 与结构中内力的理想分布之间具有某种联系。虽然变形和结构的 3E 之间似乎没有直接关系，但变形和内力之间的关系可以通过虚功原理来表达。以上所述的联系如图 7.3 中的外圈循环所示。

探索新的意义(E – NM)：考虑结构受到归一化的最不利荷载作用且引入关键位置的概念，该位置处的变形不再是荷载的函数。在减小这种变形的背景下，无须研究变形与内力之间的现有关系，而是探索获得更小变形与期望内力分布之间的定性关系，并找到新的含义，从而得出第 2 章中的 4 个结构概念：

① 传力路径越直接，结构的变形就越小。

② 结构内力越小，结构的变形就越小。

③ 内力分布越均匀，结构的变形就越小。

④ 弯矩转化为轴向力越多，结构的变形就越小。

这些结构概念简单易懂，为其应用奠定了坚实的基础。

化繁为简：在可能的情况下，可以使用手算来分析具有或不具有实施措施的结构，以量化结构概念的有效性和效率。进行手算分析的结构可以是真实结构的简化形式但仍要保持其物理本质。本书的一个目的是将理论表达变得简单，从而使结构工程师们可以广泛地使用它们。在这里，从基本理论中抽象出来的 4 个结构概念被表达为"经验法则",便于理解和直接使用。总是可以用直觉解读这种简单的方式来阐明问题、公式或结构现象且仍能把握其物理本质。

发展直觉理解(E – IU):这可以通过以下 4 种方式实现。

① 为在实际中实现这 4 个结构概念,发展实施途径和具体措施(3.1 节、4.1 节、5.1 节和 6.1 节)。

② 构思成对的涉及与不涉及结构概念的手算示例并进行比较,以获得对结构概念作用的定性和定量的理解(3.2 节、4.2 节、5.2 节和 6.2 节);

③ 将手算示例与包含结构概念的工程实例联系起来,以定性地理解实际结构(3.3 节、4.3 节、5.3 节和 6.3 节);

④ 尽可能地直觉解读公式、问题和结构行为。

进行广泛而富有创意的应用(M – WCA):结合工程实例,这 4 个结构概念可以用来发展不同的且有效的实施途径和具体措施。由于这些措施具有强大的理论基础,因此它们有可能在结构上得到广泛且创造性的应用,以减少结构变形并使其更加有效、高效和美观。通过比较使用和不使用这些措施的简化结构模型,可以证明这些措施的有效性和高效性,也可以通过使用这些措施的实际结构加以说明(第 3 ~ 6 章)。

本章参考文献

[1] Schlaich, J., Bergermann, R. *Light Structures*, Prestel, Germany, 2004.

[2] Sandaker, B. N., Eggen, A. P. and Cruvellier, M. R. *The Structural Basis of Architecture*, Second Edition, Routledge, London, 2011.

[3] Schlaich, M. Elegant Structures, *The Structural Engineer*, 93(11), 10-13, 2015.

[4] Timoshenko, S. P. *History of Strength of Materials*, McGraw-Hill Book Co., New York, 1953.

[5] Ji, T., Bell, A. J. and Wu, Y. The Philosophical Basis of Seeing and Touching Structural Concepts, *European Journal of Engineering Education*, Online, 2021.

参 考 书 目

[1] Allan, E. *et al. Form and Forces*：*Designing Efficient, Expressive Structures*, John Wiley & Sons,USA, 2009.（Allan E 等,《形式与力量：设计高效、富有表现力的结构》,John Wiley& Sons 出版社,美国,2009 年）

[2] Balmond, C. *Informal*, Prestel, Germany, 2002.（Balmond C,《非正式》,Prestel 出版社,德国,2002 年）

[3] Charleson, A. *Structure as Architecture—A Source Book for Architects and Structural Engineers*, Architectural Press, UK, 2005.（Charleson A,《结构作为建筑：建筑师和结构工程师的参考书》,建筑出版社,英国,2005 年）

[4] Frei, O. and Bodo, R. *Finding Form*：*Towards an Architecture of the Minimal*, Deutscher Werkbund Bayern, Edition Axel Menges, Third Edition, 1996.（Frei O 和 Bodo R,《寻找形式：迈向极简主义建筑》,第 3 版,德国拜仁工业联盟,Axel Menges 出版社版,1996 年）

[5] Heyman, J. *Structural Analysis*：*A Historical Approach*, Cambridge University Press, UK,1998.（Heyman J,《结构分析：历史方法》,剑桥大学出版社,英国,1998 年）

[6] Jennings, A. *Structures—From Theory to Practice*, Spon Press, London, 2004.（Jennings A,《结构：从理论到实践》,Spon Press 出版社,伦敦,2004 年）

[7] Macdonald, A. J. *Structure & Architecture*, Second Edition, Architecture Press, Oxford, 2003.（Macdonald A J,《结构与建筑》,第 2 版,Architecture Press 出版社,牛津,2003 年）

[8] Margolius, I. *Architects + Engineers = Structures*, Wiley-Academy, UK, 2002.（Margolius I,《建筑师 + 工程师 = 结构》,Wiley-Academy 出版社,英国,2002 年）

[9] Parkyn, N. *The Seventy Architectural Wonders of Our World*, Thames & Hudson, London, 2002.（Parkyn N,《世界 70 个建筑奇迹》,Thames & Hudson 出版社,伦敦,2002 年）

［10］Rappaport, N. *Support and Resist*：*Structural Engineers and Design Innovation*, The Monacelli Press, USA, 2007. (Rappaport N,《支持与抵制：结构工程师和设计创新》,Monacelli 出版社,美国,2007 年)

［11］Robinson, D. N. *Consciousness and Its Implications*, The Teaching Company, USA, 2007. (Robinson D N,《意识及其含义》,美国教育公司,美国,2007 年)

［12］Rosenthal, H W. *Structural Decision*, Chapman & Hall Ltd. , London, 1962. (Rosenthal H W,《结构决策》,Chapman & Hall 有限公司,伦敦,1962 年)

［13］Salvadori, M. and Heller, R. *Structures in Architecture*：*The Building of Buildings*, Prentice-Hall, NJ, USA, 1986. (Salvadori M 和 Heller R,《建筑结构：建筑物的构建》,Prentice-Hall,美国新泽西,1986 年)

［14］Sandarker, B. N. *On Span and Space*：*Exploring Structures in Architecture*, Routledge, London, 2008. (Sandarker B N,《跨度与空间：探索建筑中的结构》,Routledge 出版社,伦敦,2008 年)

［15］Sandaker, B. N. , Eggen, A. P. and Cruvellier, M. R. *The Structural Basis of Architecture*. Second Edition, Routledge, London, 2011. (Sandake B N、Eggen A P 和 Cruvellier M R,《建筑结构基础》,第 2 版,Routledge 出版社,伦敦,2011 年)

［16］Schlaich, J. and Bergermann, R. *Light Structures*, Prestel, Germany, 2004. (Schlaich J 和 Bergermann R,《轻型结构》,Prestel 出版社,德国,2004 年)

［17］Schlaich, M. Elegant Structures, *The Structural Engineer*, 2015. (Schlaich M,《优雅的结构》,2015 年)

［18］Silver, P. , Mclean, W. and Wvans, P. *Structural Engineering for Architects*：*A Handbook*, Laurence King Press, London, 2013. (Silver P、Mclean W 和 Wvans P,《建筑师的结构工程：手册》,Laurence King 出版社,伦敦,2013 年)

［19］Sprott, J. C. *Physics Demonstrations—A Sourcebook for Teachers Physics*, The University of Wisconsin Press, USA, 2006. (Sprott J C,《物理演示：教师用书》,威斯康星大学出版社,美国,2006 年)

［20］Uffelen, C. V. *Bridge*：*Architecture + Design*, Braun Publishing AG,

Switzerland, 2009. (Uffelen C V,《桥梁:建筑与设计》,Braun 出版股份公司,瑞士,2009 年)

[21] Young, J. W. *A Technique for Producing Ideas*, McGraw-Hill, USA, 2003. (Young J W,《产生创意的技巧》, McGraw-Hill 出版社, 美国, 2003 年)

名 词 索 引^①

（斜体字页码指向插图，粗体字页码指向表格）

---

①本名词索引顺序和原书名词索引顺序保持一致，按照对应的英文单词首字母顺序排列（译者
注）。

致　　谢

首先要向 Adrian Bell 博士致以最诚挚的感谢,他是我的同事,我们之前合作出版了 *Understanding and Using Structural Concepts*① 一书,他不仅帮我完成了本书的校对工作,还提出了很多建设性意见,增强了本书的可读性。此外,还要感谢 Brian Ellis 博士,他是我以前的同事和 *Understanding and Using Structural Concepts* 一书的合著人,他在短时间内帮我完成了前两章的校对工作。

由于我可用的关于实际结构的照片和插图有限,因此本书在撰写过程中遇到了一些困难。很多人在这方面向我提供了帮助,在此对他们的贡献表示感谢,并已在书中相关图片处进行了出处标注。在此要特别感谢德国 structurae.net 网的创建人和所有人 Nicolas Janberg 先生,他提供了数张高质量的照片。

我还要向曼彻斯特大学的博士研究生 Andrea Codolini 先生表示感谢,他帮我绘制了书中的部分插图。

Taylor & Francis 出版社在本书的出版过程中提供了很多帮助。特别要感谢主任编辑 Tony Moore 先生,正是他的鼓励使得本书得以成稿和出版。英国的 Gabriella Williams 女士和 Lisa Wilford 女士以及美国的出版编辑 Jennifer Stair 女士在本书不同的出版阶段也给予了帮助,在此表示感谢。最后还要向 Denise File 女士和她的同事表示感谢,她们耐心、仔细地排版了这本书。

---

① 中文译著为《结构概念 —— 感知与应用》,由高等教育出版社于 2018 年出版(译者注)。